山东省自然科学基金项目（No. ZR2019BB082）

生物传感器系统
理论与技术

Theory and Technology of the Biosensor Systems

王学亮　高春苹　王朝霞　著

北　京

冶　金　工　业　出　版　社

2024

内 容 简 介

本书共分 8 章，主要内容包括绪论、生物反应系统的控制与生物传感器、生物传感器中的换能器、电化学生物传感器、光化学生物传感器、其他生物传感器、生物芯片、生物传感器与活体分析。

本书可供从事生物传感器工作的工程技术人员和研究人员阅读，也可供大专院校相关专业的师生参考。

图书在版编目（CIP）数据

生物传感器系统理论与技术/王学亮，高春苹，王朝霞著 . —北京：冶金工业出版社，2024.3（2024.12 重印）

ISBN 978-7-5024-9792-7

Ⅰ.①生… Ⅱ.①王… ②高… ③王… Ⅲ.①生物传感器 Ⅳ.①TP212.3

中国国家版本馆 CIP 数据核字（2024）第 049960 号

生物传感器系统理论与技术

出版发行 冶金工业出版社		**电　话**	（010）64027926
地　址 北京市东城区嵩祝院北巷 39 号		**邮　编**	100009
网　址 www. mip1953. com		**电子信箱**	service@ mip1953. com

责任编辑　俞跃春　马媛馨　美术编辑　吕欣童　版式设计　郑小利
责任校对　梁江凤　责任印制　窦　唯
北京建宏印刷有限公司印刷
2024 年 3 月第 1 版，2024 年 12 月第 2 次印刷
710mm×1000mm　1/16；12.25 印张；237 千字；186 页
定价 79.00 元

投稿电话　（010）64027932　投稿信箱　tougao@ cnmip. com. cn
营销中心电话　（010）64044283
冶金工业出版社天猫旗舰店　yjgycbs. tmall. com
（本书如有印装质量问题，本社营销中心负责退换）

前　　言

　　21 世纪是生物经济快速发展的时代，而生物传感器则作为以生物技术支撑的关键器件之一，也必然会得到极大的发展。生物技术及生物传感器等将进一步与信息技术相结合，发展成为新一代生物技术的数字工程，在临床诊断、工业控制、食品和药物分析（包括生物药物研究开发）、环境保护以及生物技术、生物芯片等研究中得到广泛的应用。

　　本书从生物传感器的基本知识开始，重点介绍了几类典型的生物传感器，同时根据微型化和集成化的技术手段，适当地增加了生物芯片以及在活体分析中的应用等有关内容，使读者通过阅读本书，对该方向有较全面的认识和理解。

　　本书共分 8 章，第 1 章介绍了生物传感器的基本组成、分类、工作原理及未来发展方向。第 2、3 章介绍了生物传感器的系统控制和换能器。第 4~6 章介绍了几类典型的生物传感器的类型。第 7 章介绍了生物芯片中的基因芯片、蛋白质芯片。第 8 章介绍了生物传感器与活体分析中的体内测定需要解决的问题、体内葡萄糖测定、脑内生物化学物质检测、活体组织原位分析、无创分析、活体细胞内分析等。

　　本书由菏泽学院王学亮教授、山东化工职业学院高春苹博士、菏泽学院王朝霞高级实验师共同撰写。本书由山东省自然科学基金项目（No. ZR2019BB082）资助出版。

　　本书在编写过程中参考了一些国内外公开发表的有关文献资料，在此向文献资料的作者表示诚挚的谢意。

　　由于作者水平所限，书中不妥之处，敬请广大读者批评指正。

作　者

2023 年 12 月

目　　录

1 绪 论

传感器是一种信息获取与处理装置。而生物传感器是一类特殊的化学传感器，它是以生物活性单元（如酶、抗体、核酸、细胞等）作为生物敏感基元，对被测目标物具有高度选择性的检测器。它通过各种物理、化学型信号转换器捕捉目标物与敏感基元之间的反应，然后将反应的程度用离散或连续的电信号表达出来，从而得出被测物的浓度。本章则从生物传感器的基础知识及发展应用等内容进行叙述。

1.1 生物传感器的基本组成与工作原理

生物传感器起源于 20 世纪中期。1962 年，美国 Lel and C. ClarkJnr 教授首次提出了酶传感器，他们利用葡萄糖氧化酶催化葡萄糖氧化反应，经极谱式氧电极检测氧量的变化，从而制成了第一支酶电极。70 年代中期开始，生物技术、生物电子学和微生物电子学不断渗透、融合，使生物传感器不再局限于生物反应的电化学过程，而是根据生物学反应中产生的各种信息（如热效应、光效应、场效应和质量变化等）来设计各种精密的探测装置。90 年代后生物传感器的市场开发获得显著成绩，以表面等离子体和生物芯片为代表的生物亲和传感器技术成为生物传感器发展的又一高潮。经过 30 多年的不断发展，生物传感器技术已广泛应用在环境监测、食品分析、发酵、医疗保健、医药和军事医学等方面。

生物传感器一般由两部分组成：一是分子识别元件，即具有分子识别能力的生物活性物质（如组织、微生物细胞、细胞器、细胞受体、酶、抗体、核酸等）；二是信号转换器，主要为电化学电极、光学检测元件、气敏电极、热敏电阻、场效应晶体管、压电晶体及表面等离子共振器件等。当待测物与分子识别元件特异性结合后，所产生的复合物（光、热等）通过信号转换器转变为可以输出的电信号、光信号等，从而达到分析检测的目的。

Turmer 教授将生物传感器定义为：生物传感器是一种精密的分析器件，它结合一种生物或生物衍生敏感元件与一个理化换能器，能够产生间断或连续的数字电信号，信号强度与被分析物成正比。

1.2 生物传感器的性能参数

传感器的性能参数体现其性能的优劣，是评价其性能的标准。测量传感器的性能参数是研制与使用传感器都要进行的工作，对传感器性能参数的正确表述也是传感器商品化的重要内容。对传感器性能的表述主要有响应特性和工作特性等，但广义上传感器的主要功能是对信号进行转换。因此，一般根据传感器的输入量（q）与输出量（p）来评定其性能参数。传感器常用的性能参数及其意义见表1-1。大多数传感器都是输入量与输出量成正比。但在实际工作中，由于非线性（高次项的影响）和随机变化等因素的影响，不可能是线性关系。所以，衡量传感器静态特性的主要技术指标是量程与测量范围、线性度、灵敏度、迟滞和重复性等。

表 1-1 传感器常用的性能参数

参 数 名 称	意 义
噪声	$q = 0$ 时的 p（p_N）
零点漂移	$q = 0$ 时的 Δp
灵敏度	$\Delta p / \Delta q$
检测限	$p/p_N = 2.5$ 时的 q
分辨率	$(\Delta q)_{\min} / \Delta q_{\max}$
稳定性	p 不随时间变化的能力
精确度	p 与"真值"的接近程度
精密度	p 的标准偏差
响应时间	从接触样品时算起 p 达到平均值95%的时间
迟滞	在 q 时的 Δp

量程与测量范围：在规定的测量特性内，传感器在规定的精确度范围内所测量的被测变量的范围称为测量范围，其最高值与最低值分别称为上限与下限，上限值与下限值的代数差就是量程。

线性度：线性度又称非线性，用于表征传感器输出、输入的实际标定曲线与理论直线（或拟合直线）的不一致性。通常以理论满量程（FS）的相对误差来表示，即

$$\delta_L = \pm (\Delta L)_{\max} / Y_{FS} \times 100\%$$

式中，$(\Delta L)_{\max}$ 为在满量程的范围内，实测曲线与理论直线间的最大偏差；Y_{FS} 为理论满量程输出。当进行多次校准循环时，以最差的线性为准。线性度如不附加说明参考何种拟合直线是没有意义的。选择对于规定的拟合直线所确定的线性特

性，应在线性之间冠以不同的说明词（如端点线性）或加上"参考最佳直线"这样的附注。选择拟合直线的原则应保证获得尽量小的非线性误差，并考虑到使用与计算的方便。几种目前常用的拟合方法有理论直线法、端点直线法、最佳直线法、最小二乘法直线法。

灵敏度：灵敏度是指传感器在稳态下输出量增量与被测输入量增量之比，即

$$S = \mathrm{d}y/\mathrm{d}x$$

显然，线性传感器的灵敏度是拟合直线的斜率；非线性传感器的灵敏度通常也是用拟合直线的斜率表示，非线性特别明显的传感器灵敏度可以用 $\mathrm{d}y/\mathrm{d}x$ 表示，或用某一小区间（输入量）内拟合直线的斜率表示。

迟滞（滞后）：迟滞特性是反映传感器正（输入量增大）反（输入量减小）行程过程中，输出-输入曲线的不重合程度。也就是说，对应同一大小的输入信号，传感器正反行程的输出信号的大小却不相等，这就是迟滞现象。产生这种现象的主要原因是传感器机械部分存在不可避免的缺陷，如轴承摩擦、间隙、紧固件松动、材料的内摩擦、积尘等。迟滞的大小一般用实验方法确定。实际评价用正反行程输出的最大偏差 $(\Delta H)_{\mathrm{max}}$ 与理论满量程输出的百分比来表示，即

$$\delta_{\mathrm{H}} = \pm (\Delta H)_{\mathrm{max}}/Y_{\mathrm{FS}} \times 100\%$$

重复性：重复性是衡量传感器在同一工作条件下，输入量按同一方向做全量程连续工作多次变动时，所得特性曲线间一致程度的指标。各条特性曲线越靠近，重复性越好。重复性的好坏与许多随机因素有关，它属于随机误差，要按统计规律来确定。通常用标定曲线间最大偏差对理论满量程输出的百分比表示，即

$$\delta_{\mathrm{R}} = \pm (\Delta H)_{\mathrm{max}}/Y_{\mathrm{FS}} \times 100\%$$

分辨力：分辨力是指传感器在规定测量范围内所能检测出被测输入量的最小变化量。有时对该值用满量程输入值的百分数表示，则称为分辨率。

阈值：阈值是指能使传感器的输出端产生可测变化量的最小被测输入量值，即零点附近的分辨能力。有的传感器在零位附近有严重的非线性，形成所谓"死区"，则将死区的大小作为阈值。更多情况下，阈值主要取决于传感器噪声的大小，因而有的传感器只给出噪声电平。

稳定性：稳定性又称长期稳定性，即传感器在相当长时间内仍保持其原性能的能力。稳定性一般以室温条件下经过一规定时间间隔后，传感器的输出与起始标定时的输出之间的差异来表示，有时也用标定的有效值来表示。

漂移：漂移是指在一定时间间隔内，传感器的输出存在与被测输入量无关的、不需要的变化。漂移常包括零点漂移和灵敏度漂移。零点漂移或灵敏度漂移又可分为时间漂移和温度漂移，即时漂和温漂。时漂是指在规定的条件下，零点或灵敏度随时间有缓慢变化；温漂是指由周围温度变化所引起的零点或灵敏度的变化。

相间干扰：相间干扰只存在于传感器（两相或三相等）中，一般若给其中一相加载，其他各相的输出应为零，但实际上其他相的输出端仍有信号输出，二者比值的百分数就是相间干扰。

静态误差：静态误差是评价传感器静态特性的综合指标，指传感器在满量程内，任一点输出值相对其理论值的可能偏离（逼近）程度。静态误差的计算方法国内外尚不统一，目前有将线性、滞后、重复性误差用几何或代数法综合表示的常用方法。

动态特性：动态特性是指传感器对随时间变化的输入量的响应特性。一般来说，总是希望传感器的输出随时间变化的关系能复现输入量随时间变化的关系，但实际上除了具有理想比例特性的环节以外，输出信号不会与输入信号完全一致。这种输出与输入之间的差异称为动态误差，研究这种误差的性质称为动态特性分析。传感器的动态响应特性可以分为稳态响应特性和瞬态响应特性。所谓稳态响应特性是指传感器在振幅稳定不变的正弦形式非电量作用下的响应特性。稳态响应的重要性在于工程上所遇到的各种非电量变化曲线都可以展开成傅里叶级数或进行傅里叶变换，即可以用一系列正弦曲线的叠加来表示原曲线。因此，当已知道传感器对正弦变化的非电量的响应特性后，也就可以判断它对各种复杂变化曲线的响应了。所谓瞬态响应特性是指传感器在瞬变的非周期非电量作用下的响应特性。瞬变的波形多种多样，一般只选几种比较典型规则的波形对传感器进行瞬态响应的分析。例如，阶跃、脉冲和半正弦等，其中阶跃信号可能是输入信号中最差的一种，传感器如能复现这种信号，则说明该传感器瞬态响应特性较好。

1.3 生物传感器的分类及应用

1.3.1 生物传感器的分类

基于生物反应的特异性和多样性，从理论上讲可以制造出所有生物物质的生物传感器。生物传感器的结构一般有两个主要组成部分：其一是生物分子识别元件（感受器），是具有分子识别能力的生物活性物质（如组织切片、细胞、细胞器、细胞膜、酶、抗体、核酸、有机物分子等）；其二是信号转换器（换能器），主要有电化学电极（如电位、电流的测量）、光学检测元件、热敏电阻、场效应晶体管、压电石英晶体及表面等离子共振器件等。当待测物与分子识别元件特异性结合后，所产生的复合物（光、热等）通过信号转换器转变为可以输出的电信号、光信号等，从而达到分析检测的目的，如图 1-1 所示。生物传感器的选择性取决于它的生物敏感元件，而生物传感器的其他性能则和它的整体组成有关。

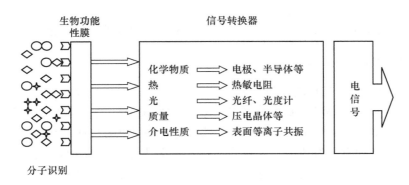

图 1-1　生物传感器的传感原理

生物传感器一般可从以下 3 个角度来进行分类：根据传感器输出信号的产生方式，可分为生物亲和型生物传感器、代谢型生物传感器和催化型生物传感器；根据生物传感器中生物分子识别元件上的敏感物质可分为酶传感器、微生物传感器、组织传感器、基因传感器、免疫传感器等；根据生物传感器的信号转化器可分为电化学生物传感器、半导体生物传感器、测热型生物传感器、测光型生物传感器、测声型生物传感器等。生物传感器的分类如图 1-2 所示。

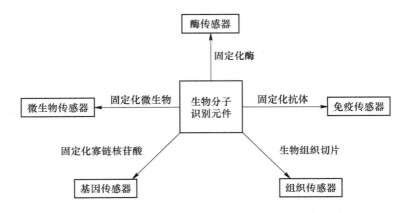

图 1-2　生物传感器按生物分子识别元件敏感物质分类

与传统的分析方法相比，生物传感器这种新的检测手段具有如下的优点：

（1）生物传感器是由选择性好的生物材料构成的分子识别元件，因此一般不需要样品的预处理，样品中的被测组分的分离和检测同时完成，且测定时一般不需加入其他试剂；

（2）由于它的体积小，可以实现连续在线监测；

（3）响应快，样品用量少，且由于敏感材料是固定化的，可以反复多次使用；

（4）传感器连同测定仪的成本远低于大型的分析仪器，便于推广普及。

1.3.2 生物传感器的应用

1.3.2.1 在环境监测中的应用

环境监测对于环境保护非常重要。传统的监测方法有很多缺点：分析速度慢、操作复杂，且需要昂贵仪器，无法进行现场快速监测和连续在线分析。生物传感器的发展和应用为其提供了新的手段。利用环境中的微生物细胞（如细菌、酵母、真菌）用作识别元件，这些微生物通常可从活性泥状沉积物、河水、瓦砾和土壤中分离出来。生物传感器在环境监测中的应用最多的是水质分析。例如，在河流中放入特制的传感器及其附件可进行现场监测。一个典型应用是测定生化需氧量（BOD），传统方法测 BOD 需 5 天，且操作复杂。BOD 的微生物传感器，只需 15 min 即能测出结果。国内外已研制出许多不同的微生物 BOD 传感器以及其他用于水污染监测的微生物传感器，如基于重金属离子对微生物新陈代谢的抑制来检测重金属离子污染物。

大气污染是一个全球性的严重问题。微生物传感器也可监测 CO_2、NO_2、NH_3、CH_4 之类的气体。一种利用噬硫杆菌的微生物传感器被研制出来，噬硫杆菌被固定在两片硝化纤维薄膜之间，当微生物新陈代谢增加时，溶解氧浓度下降，氧电极响应改变，从而测出亚硫酸物含量，具有良好的应用前景。又如监测 NO_x 的生物传感器。它利用氧电极和一种特殊的硝化杆菌，此硝化杆菌以亚硝酸物作唯一能源。当亚硝酸物存在时，硝化杆菌的呼吸作用增加，氧电极中溶解氧浓度下降，从而测出 NO_2^- 含量。

生物传感器用于农药和抗生素残留量的分析。随着科学的发展，不断有新的农药和抗生素用于农牧业，它们在给人类带来富足的同时，也给人类健康带来了危害。所以对农药和抗生素残留量的测定，各国政府一向都非常重视。近些年，人们就生物传感器在该领域中的应用也做了一些有益的探索。如 Starodub 等分别用乙酰胆碱酯酶（AChE）和丁酰胆碱酯酶（BChE）为敏感材料，制作了离子敏场效应晶体管酶传感器，两种生物传感器均可用于蔬菜等样品中有机磷农药 DDVP 和伏杀磷等的测定，检测限为 $10^{-7} \sim 10^{-5}$ mol/L。

1.3.2.2 在食品中的应用

生物传感器可广泛用于食品工业生产中，如对食品原料、半成品和产品质量的检测，发酵生产中在线监测等。利用氨基酸氧化酶传感器可测定各种氨基酸（包括谷氨酸、L-天冬氨酸、L-精氨酸等十几种氨基酸）。食品添加剂的种类很多，如甜味剂、酸味剂、抗氧化剂等，生物传感器用于食品添加剂的分析已有许多报道。

鲜度是评价食品品质的重要指标之一，通常采用感官检验，但感官检验主观性强，个体差异大，故人们一直在寻找客观的理化指标来代替。Volpe 等曾以黄嘌呤氧化酶为生物敏感材料，结合过氧化氢电极，通过测定鱼降解过程中产生的一磷酸肌苷（IMP）、肌苷（HXR）和次黄嘌呤（HX）的浓度，从而评价鱼的鲜度。

1.3.2.3 在生物医学上的应用

（1）基础研究：生物传感器可实时监测生物大分子之间的相互作用。借助于这一技术动态观察抗原、抗体之间结合与解离的平衡关系，可较为准确地测定抗体的亲和力及识别抗原表位，帮助人们了解单克隆抗体特性，有目的地筛选各种具有最佳应用潜力的单克隆抗体，而且较常规方法省时、省力，结果也更为客观可信，在生物医学研究方面已有较广泛的应用。如用生物传感器测定重组人肿瘤坏死因子 α（TNF-α）单克隆抗体的抗原识别表位及其亲和常数。

（2）临床应用：用酶、免疫传感器等生物传感器来检测体液中的各种化学成分，为医生的诊断提供依据。如美国 YSI 公司推出一种固定化酶型生物传感器，利用它可以测定出运动员锻炼后血液中存在的乳酸水平或糖尿病患者的葡萄糖水平。生物传感器还可预知疾病发作，如癫痫患者可戴着一个微小传感器，使用头皮上电极，预感癫痫发作，平均可以在 7 min 之前预知癫痫发作到来。发觉之后可以从植入的药泵中释放药物，成功制止癫痫发作。慕尼黑 Max Plank 生物化学研究所将蜗牛神经细胞置于一个硅芯片上，使用微型塑料桩将它们围在特定位置，邻近的细胞彼此之间以及与芯片之间形成连接。每个神经细胞受刺激后产生电冲动，作用于芯片上的电冲动从一个神经细胞传到另一个，再传回到芯片。这种生物芯片可以在脊髓受损部分建立起连接"桥梁"，也可作为生物传感器检测作用于神经细胞上的有毒物质或药用物质。

（3）生物医药：利用生物工程技术生产药物时，将生物传感器用于生化反应的监视，可以迅速地获取各种数据，有效地加强生物工程产品的质量管理。生物传感器已在癌症药物的研制方面发挥了重要的作用，如将癌症患者的癌细胞取出培养，然后利用生物传感器准确地测试癌细胞对各种治癌药物的反应，经过这种试验就可以快速地筛选出一种最有效的治癌药物。

1.3.2.4 在军事上的应用

现代战争往往是在核武器、化学武器、生物武器威胁下进行的战争。侦检、鉴定和监测是整个"三防"医学中的重要环节，是进行有效化学战和生物战防护的前提。由于具有高度特异性、灵敏性和能快速地探测化学战剂和生物战剂（包括病毒、细菌和毒素等）的特性，生物传感器将是最重要的一类化学战剂和生物战剂侦检器材。

1981 年，Taylor 等成功地发展了两种受体生物传感器：烟碱乙酰胆碱受体生物传感器和某种麻醉剂受体生物传感器，它们能在 10 s 内侦检出 10^{-9}（十亿分之一）浓度级的生化战剂，包括委内瑞拉马脑炎病毒、黄热病毒、炭疽杆菌、流感病毒等。近年来，美国陆军医学研究和发展部研制的酶免疫生物传感器具有初步鉴定多达 22 种不同生物战剂的能力。美国海军研究出 DNA 探针生物传感器，在海湾沙漠风暴作战中用于检测生物战剂。

用生物传感器检测生物战剂、化学战剂具有经济、简便、迅速、灵敏的特点。单克隆抗体的出现及其与微电子学的联系使发展众多的小型、超敏感生物传感器成为可能，生物传感器在军事上的应用前景将更为广阔。

1.4 生物传感器的发展方向

1.4.1 多功能化

以前一个传感器只能把单一的被测量转换成电信号，新型传感器可利用一个传感器同时检测几种被测量并分别转换成相应的电信号。例如，一种多功能传感器，它可以同时检测气体的温度和湿度。这种传感器是在（BaSr）TiO_3（钙钛矿）上添加对湿度敏感的 $MgAl_2O_4$（尖晶石）的复合多孔质烧结体作为传感元件。温度变化引起传感器电容量的变化，湿度变化引起传感器电阻的变化，其特性曲线和等效电路如图 1-3 所示。因此，传感器的电容量和电阻值的变化，分别表示气体温度和湿度的变化量。

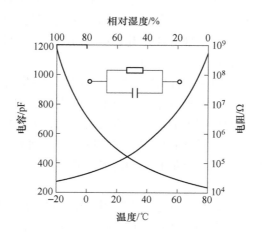

图 1-3 温度湿度传感器的特性曲线及等效电路

多功能化的另一层含义是将传感器与其他功能复合（如温度补偿、信号处理执行器等功能）。

1.4.2 智能化与集成化

计算机、微处理器等信息处理技术与传感器的有机结合，构成了智能传感器的基本框架。

智能传感器不仅把传感和信号预处理结合为一体，使之与后处理的计算机兼容，而且为利用现代信号处理方法提高对信号的判断能力和开辟新的应用领域创造了条件。智能传感器不仅能完成传感和信号处理任务，而且还有自诊断、自恢复及自适应功能。智能传感器可使信号在敏感元件附近就能进行局部处理，从而减轻了 CPU 和传输线路的负担，提高了效率。智能传感器不存在非线性的缺点。相反，当传感器具有较宽的动态范围或在某一区域具有较高灵敏度时，这种非线性不仅无关紧要，而且可以变成有利的因素。

1.4.3 微系统化

采用新的加工技术可以制造出新型传感器，如采用光刻、扩散以及各向异性腐蚀等方法，可以制造出微型化和集成化传感器，现在已经制造出能装在注射针上的压力传感器和成分传感器。采用半导体集成电路制造技术在同一个芯片上同时制造几个传感器或传感器阵列，而且这些传感器输出信号的放大、运算等处理电路也集成在这个芯片上，从而可构成多功能传感器、分布式传感器。

1.4.4 高灵敏度、高稳定性和高寿命

（1）高灵敏度：生物传感器可以通过放大信号、提高检测效率等方式提高灵敏度，可以检测到非常低浓度的目标分子或生物过程。这种高灵敏度使得生物传感器在生物医学、环境监测等领域具有广泛的应用前景。

（2）高稳定性：生物传感器可以通过选择稳定的生物识别元件、合适的包装材料等方式提高稳定性，能够在复杂的环境条件下保持长时间的稳定性和性能。这种高稳定性使得生物传感器具有较长的使用寿命和较低的维护成本。

（3）高寿命：生物传感器的高寿命是与其稳定性相关的一个重要参数，即其长期储存或使用的稳定性。可以通过一些关键技术（如固定化技术）及设计制备良好的传感材料，增强其力学性能、抗震性能及其抗环境干扰性能，延长使用寿命。通过生物传感器技术的不断进步，必然要求不断降低产品成本，延长其使用寿命，这些特性的改善也会加快生物传感器市场化、商品化的进程。

2 生物反应系统的控制与生物传感器

生物学反应不是一个专业术语，它实际上包括了生理生化、遗传变异和新陈代谢等一切形式的生命活动，生物传感器研究者的任务就是如何将生物反应与传感技术有机地结合起来。因此本章专门地介绍有关生物传感器的相关反应等内容。

2.1 酶及微生物反应

2.1.1 酶及酶反应

2.1.1.1 酶的定义

人们对酶的认识在 19 世纪产生了飞跃，1854—1864 年，Pasteur 证明发酵作用是由微生物引起的，推翻了"自生论"。当时曾提出"活体酵素"和"非活体酵素"的名词。1877 年，Kuhne 提出使用"enzyme"这个词，将酶与微生物两者区别开。Liebig 等认为发酵不一定要和酵母细胞相联系，而是由酵母细胞中所分泌的某些化学物质（酶）所引起的。这一假设于 1897 年被 Buchner 兄弟证实，他们用酵母细胞滤液成功地进行了糖至乙醇和二氧化碳的转化，一般认为，这项实验是酶学研究的开始。此后近一个世纪中，酶学研究获得一系列重要突破。此后，酶的蛋白质属性和催化功能被普遍认识。

A 酶的蛋白质性质

酶是蛋白质，这一结论最早由 Sumner 提出，他在 1926 年首次从刀豆中提取了脲酶结晶，并证明这个结晶具有蛋白质的一切性质。以后人们又陆续获得了多种结晶酶，在已经鉴定的 2000 余种酶中，多数已被结晶或纯化，检索 SIGMA 目录，作为商品出售的酶已经达 400 多种。证明酶是蛋白质有 4 点依据：

（1）蛋白质是氨基酸组成的，而酶的水解产物都是氨基酸，即酶是由氨基酸组成的；

（2）酶具有蛋白质所具有的颜色反应，如双缩脲反应、茚三酮反应、乙醛酸反应等；

（3）一切能使蛋白质变性的因素，如热、酸、碱、紫外线等，同样可以使酶变性失活；

（4）酶同样具有蛋白质所具有的大分子性质，如不能透过半透膜，可以电泳，并有一定等电点。

B　酶的催化性质

酶是生物催化剂。新陈代谢是由无数复杂的化学反应组成的，这些反应大都在酶催化的条件下进行。与一般催化剂相比较，酶催化具有如下特点。

（1）高度专一性（specification），或称特异性。一般地讲，一种酶只催化一种反应，作用于特定的底物或化学键。因而有"一种酶，一种（类）底物"之说。

（2）催化效率高。酶分子的转化数（turnover number）为每个酶分子每分钟大约转化 10^3 个底物分子（不同的酶转化数不一样）。检测底物浓度下限一般为 $10^{-9} \sim 10^{-6}$ mol/L。以分子比为基础，其催化效率是其他催化剂的 $10^7 \sim 10^{13}$ 倍。

（3）由于酶是蛋白质，极端的环境条件（如高温、酸碱）容易使酶失活，因此，酶催化一般在温和条件下进行。

（4）有些酶（如脱氢酶）需要辅酶或辅基，若从酶蛋白分子中除去辅助成分，则酶不表现催化活性。

（5）酶在体内的活力常常受多种方式调控，包括基因水平调控、反馈调节、激素控制、酶原激活等。

（6）酶促反应产生的信息变化有多种形式，如热、光、电、离子化学等。

C　酶的分类与命名

在 20 世纪 50 年代之前，酶的命名比较混乱，往往依酶的研究者的习惯各行其是。1955 年，国际生物化学与分子生物学联合会命名委员会（Nomenclature Committee of the Inter-national Union of Biochemistry and Molecular Biology，NC-IUBMB）成立了国际酶学委员会（International Commission on Enzymes，Enzyme Commission，EC），专门解决酶的命名问题。1961 年，EC 提出了酶学分类原则性建议，并于 1964 年进行了修改，成为酶分类的标准，并广为应用。标准方法按照酶的催化反应类型，将酶分为六大类。

（1）氧化还原酶类（oxidoreductases）催化氧化还原反应，其代表方程式为：

$$A \cdot 2H + B \Longleftrightarrow A + B \cdot 2H \tag{2-1}$$

式中，$A \cdot 2H$ 为氢的给体；B 为氢的受体。这类酶包括氧化酶、过氧化物酶、脱氢酶等。

（2）转移酶类（transferases）催化某一化学基团从某一分子到另一分子，其代表方程为：

$$A \cdot B + C \Longleftrightarrow A + B \cdot C \tag{2-2}$$

式中，B 为被转移的基团，如磷酸基、氨基、酰胺基等。这类酶包括转氨酶、转甲基酶等。

（3）水解酶类（hydrolases）催化各种水解反应，在底物特定的键上引入水的羟基和氢，一般反应式为：

$$A \cdot B + H_2O \Longrightarrow AOH + BH \tag{2-3}$$

包括肽酶（即蛋白酶和水解肽键）、酯酶（水解酯键）、糖苷酶（水解糖苷键）等。

（4）裂合酶类（lyases）催化 C—C、C—O、C—N 或 C＝S 键裂解或缩合，其代表反应式为：

$$AB \Longrightarrow A + B \tag{2-4}$$

如脱羧酶、碳酸酐酶等。

（5）异构酶类（isomerases）催化异构化反应，使底物分子内发生重排，一般反应式为：

$$A \Longrightarrow A' \tag{2-5}$$

这类酶包括消旋酶（如 L-氨基酸转变成 D-氨基酸）、变位酶（如葡萄糖-6-磷酸转变为葡萄糖-1-磷酸）等。

（6）合成酶类（ligases）或称连接酶类，它催化两个分子的连接，并与腺苷三磷酸（ATP）的裂解偶联，同时产生腺苷单磷酸（AMP）和焦磷酸（PPi）：

$$A + B + ATP \longrightarrow AB + AMP + PPi \tag{2-6}$$

如氨基酸激活酶类。

每一大类酶又可根据作用底物的性质分为若干亚类和次亚类。

酶的名称由两部分组成，开头部分是底物，后面部分表示催化反应类型，再用-ase 结尾。如催化丙酮酸羟基化生成草酰乙酸反应的酶称为丙酮酸羧化酶（pyrurate carboxylase）。也常常使用简化或习惯名称，如淀粉葡萄糖苷酶称为糖化酶。

酶学编号（EC number）由 4 个数字构成，如脂肪酶（甘油酯水解酶）的系列编号为 "EC 3.1.1.3."，表示第三大酶类（水解酶）、第一亚类（水解发生在酯键）、第一亚亚类（羟基酯水解）、甘油酯水解酶。

D　酶量表示法

在用酶做分析工具时，酶量的表示有几种方法，根据国际酶学委员会规定，分别定义如下。

酶活力单位用国际单位（International Unit，IU）表示。一个酶活力单位指在特定条件下（如 25 ℃，pH 值及底物等其他条件采用最佳条件），在 1 min 能转化 1 μmol 底物分子的酶量，单位为 IU。

酶比活力（specific activity）指 1 mg 酶所具有的酶活力，一般用 IU/mg 表示。酶含量指每克或每毫升酶制剂含有的活力单位数，即 IU/g 或 IU/mL。

2.1.1.2 酶的作用机理

A 降低反应活化能

在一个封闭的反应体系中，反应开始时，反应底物分子的平均能量水平较低，为初态（initial state, A），只有少数分子具有比初态更高一些的能量，高出的这一部分能量称为活化能 G_1（energy of activation），使这些分子进入活化态（或过渡态，transition state, A^*），才能进行反应，这些活泼的分子称为活化分子。反应物中活化分子越多，反应速度就越大。活化能的定义是：在一定温度下，1 mol 底物全部进入活化态所需要的自由能 F（free energy），单位是 J/mol。酶能够大幅度降低反应所需的活化能，使活化能降到 G_2，这样，大量的反应物分子就比较容易地越过小的"能峰"，进入活化态（图 2-1），从而使反应在常温下极快地进行。与一般催化剂相比，酶催化使活化能降低幅度更大，如丁酸乙酯的水解，氢离子催化时，活化能为 7022.4 kJ/mol，而胰脂酶催化时，活化能仅有 1881.0 kJ/mol。

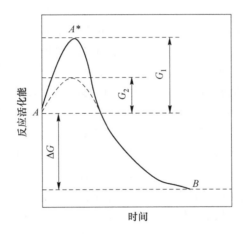

图 2-1 酶对反应活化能的影响

G_1—无酶掺入时活化能；G_2—酶催化时活化能；ΔG—反应的自由能变化保持不变；B—反应生成产物分子的能量状态

B 结构专一性

酶催化的专一性是由酶蛋白分子（特别是分子中的活性部位）结构特性决定的，根据酶对底物专一性程度的不同，大致可分为三种类型。

第一种类型的酶专一性较低，能作用于结构类似的一系列底物，可分为族专一性和键专一性两种。族专一性酶对底物的化学键及其一端有绝对要求，对键的另一端只有相对要求。如 β-D-吡喃葡萄糖苷酶对底物的吡喃式糖环、β-糖苷键和糖的 D-型构型和 2 位、3 位、4 位、5 位上的羟基都有绝对要求，缺一不催化；但对糖苷键的另一侧的 R 基团无一定要求，只是随其性质不同，酶促反应有所差别。键专一性酶对底物分子的化学键有绝对要求，而对键的两端只有相对要求。如酯酶能催化酯键的水解，但对底物 R—CO—O—R′ 中的 R 和 R′ 无一定要求。

第二种类型的酶仅对一种物质有催化作用，它们对底物的化学键及其两端均有绝对要求。如琥珀酸脱氢酶仅能催化丁二酸脱氢生成反丁烯二酸，而对丁二酸的同系物不能起催化作用。

第三种类型的酶具有立体专一性，这类酶不仅要求底物有一定的化学结构，而且要求有一定的立体结构。如精氨酸酶只能催化 L-精氨酸，而不能催化 D-精氨酸，葡萄糖氧化酶只能催化 α-D-葡萄糖，而不能催化 β-D-葡萄糖等。

C 酶的辅助因子

许多酶需要辅助因子（co-factor）才能行使催化功能。辅助因子包括金属离子和有机化合物，它们构成酶的辅酶（co-enzyme）或辅基（prosthetic group），与酶蛋白共同组成全酶（holoenzyme）。脱去辅基的酶蛋白不含有催化活性，称为脱辅基酶蛋白（apoenzyme），有时又称为酶原（proenzyme，zymogen）。辅酶与辅基没有严格的区别，一般地，与酶蛋白松弛结合的辅助因子称为辅酶，可以通过透析法除去，如辅酶 A；与酶蛋白牢固结合的辅助因子称为辅基，如黄素单核苷酸（FMN）和许多金属离子。大约 50% 的酶都需要以金属离子为辅酶，它们称为金属酶，如碱性磷酸酶的辅助因子为 Zn^{2+} 和 Mg^{2+}。Zn^{2+} 还是碳酸酚酶、DNA 聚合酶、RNA 聚合酶等几十种酶的必需成分。又如，Cu^{2+}、Mn^{2+}、Fe^{3+} 是相应的超氧化物歧化酶的辅酶等。常见的有机化合物辅助因子有脱氢酶的辅酶 NAD^+（茶酰胺腺嘌呤二核苷，辅酶 Ⅰ）和 $NADP^+$（茶酰胺腺嘌呤二核苷磷酸，辅酶 Ⅱ），各种过氧化物酶的辅酶铁卟啉（亚铁血红素，heme），酰基转移酶的辅酶 A，还有黄素单核苷酸（FMN）和黄素腺嘌呤二核苷酸（FAD），它们是许多氧化还原酶的辅酶，在氧化还原反应中起着传递氢的作用。辅助因子通常存在酶的活性中心部位，对酶的催化起重要作用。

D 酶的活性中心

实验证明，酶的特殊催化能力只局限在它的大分子的一定区域，这个区域就是酶的活性中心，它往往位于分子表面的凹穴中。对不需要辅酶的酶来说，活性中心（active center）就是酶分子中在三维结构上比较靠近的几个氨基酸残基组成。对需要辅酶的酶分子来说，辅酶分子或辅酶分子上的某一部分结构往往就是活性中心的组成部位。活性中心的各基团与附近的其他残基有序地排列，使得这个部位的空间结构恰好适合与底物分子直接紧密接触，并具有适宜的非极性微环境，以利于基团间发生静电作用。一般认为活性中心有两个功能部位（或域）：结合域（binding domain）和催化域（catalytic domain）。这种特定的结构才能与一定的底物结合，并催化其发生化学变化。活性中心空间结构的任何细微的改变，都可能影响酶活性。

E "邻近"效应、"定向"效应

"邻近"（vicinity）效应指两个反应分子的反应基团需要互相靠近才能反应。曾经测到过某底物在溶液中的浓度为 0.001 mol/L，而在某酶的活性中心的浓度竟达 100 mol/L，比溶液中的浓度高 1 万倍。但是仅仅"邻近"还不够，还需要两个将要反应的基团的分子轨道交叉，而交叉的方向性极强，称为"定向"（orientation）。这样就使得两个分子间的反应变为分子内的反应，提高了反应速率。

生物体系中的许多反应属于双分子反应，在酶的作用下，原游离存在的反应物分子被结合在活性中心，彼此靠得很近，并且分子轨道也按确定的方向发生一定的偏转，使反应易于进行。有人估计，"邻近"效应及"定向"效应可能使反应速度增长上亿倍。

F 诱导契合假说

活性中心通常为一个口袋或裂缝，由周围的氨基酸链帮助结合底物，而其他的氨基酸直接参与催化反应。复杂的四级结构使酶分子与底物分子密切契合。早在 1894 年，德国生物化学家 E. Fischer 就提出"锁-钥假说"（lock-and-key hypothesis），即酶与其特异性底物在空间结构上互为锁-钥关系。

1958 年，D. Koshland 进一步提出诱导契合假说（induced fit hypothesis）（图 2-2）：当酶分子与底物分子接近时，酶蛋白受底物分子的诱导，其构象发生有利于底物结合的变化，酶与底物在此基础上互补契合，它说明了酶作用的专一性。经诱导契合形成酶与底物复合物，一部分结合能被用来使底物发生形变，使敏感键更易于破裂而发生反应，如图 2-3 所示。这种结合特性被人们用来设计以质量变化为指标的生物传感器。

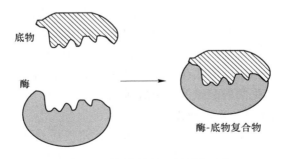

图 2-2 酶与底物的"诱导契合"

G 酶催化的化学形式

酶催化的化学形式主要包括共价催化和酸碱催化。

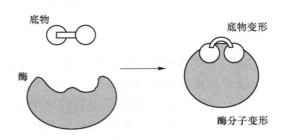

图 2-3 底物和酶分子变形示意图

在共价催化中，酶与底物形成反应活性很高的共价中间物，这个中间物很易变成过渡态（transition state），故反应的活化能大大降低，底物可以越过较低的能阈而形成产物。形成共价酶-底物复合物的某些酶见表 2-1。

表 2-1 形成共价酶-底物复合物的酶

酶的作用基团	酶	共价中间物类型	酶的作用基团	酶	共价中间物类型
丝氨酸残基的—OH	乙酰胆碱酯酶 胰蛋白酶	酰基-酶	组氨酸残基的咪唑基	葡萄糖-6-磷酸酶 琥珀酰-CoA 合成酶	磷酸-酶
半胱氨酸残基的—SH	甘油醛磷酸脱氢酶 乙酰 CoA-转酰基酶	酰基-酶	赖氨酸残基的—NH₂	转醛酶 D-氨基酸氧化酶	西佛碱

酸碱催化广义地指质子供体及质子受体的催化。酶反应中的酸碱催化十分重要，发生在细胞内的许多反应都是受酸碱催化的，如将水加到羰基上、酯类的水解、各种分子重排以及许多取代反应等。

酶蛋白中可以起酸碱催化作用的功能团有氨基、羧基、巯基、酚羟基及咪唑基等，其中组氨酸的咪唑基既是一个很强的亲核基团，又是一个有效的广义酸碱功能基。咪唑基的离解常数约为 6.0，它在中性 pH 值条件下（如体液），有一半以酸形式存在，另一半以碱形式存在，所以既可以作质子供体，又可以作为质子受体。因此，咪唑基是酶的酸碱催化中最活泼的一个催化功能基。

2.1.1.3 酶促反应的米氏动力学

底物浓度对酶促反应速度的影响比较复杂，将反应初速度 v 对底物浓度 $[S]$ 作图（图 2-4），可以看到，当底物浓度很低时，反应速度随底物浓度的增加成线性增长，表现为一级反应。随着底物浓度的增加，反应速度增高趋缓，表现为混合反应。再继续加大底物浓度，反应速度趋向一个极限，近似零级反应，说明酶已被饱和，这是酶促反应特有的现象。

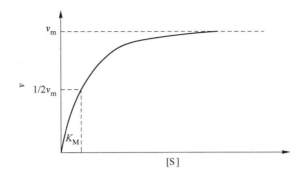

图 2-4 酶反应速度与底物浓度的关系

基于上述现象，Michaelis 和 Menten 首先提出酶促反应中存在着酶-底物中间复合物，并将酶促反应过程表示为：

$$E + S \underset{k_2}{\overset{k_1}{\rightleftharpoons}} ES \xrightarrow{K_{cat}} E + P \qquad (2\text{-}7)$$

从这一理论出发，根据化学平衡原理，推导出表示底物浓度与反应速度之间的关系方程式：

$$v = v_m[S]/(K_M + [S]) \qquad (2\text{-}8)$$

式（2-8）就是米氏方程（Michaelis equation）。

式中，v_m 为最大反应速度；K_M 为米氏常数（Michaelis constant）。

根据规定，米氏常数是式（1-7）中三个解离常数的复合函数：

$$K_M = (k_1 + k_2)/K_{cat} \qquad (2\text{-}9)$$

米氏常数在数值上等于酶促反应速度达到最大速度一半（$1/2v_m$）时的底物浓度（图 2-4），单位为 mol/L 或 mg/L，是酶的重要特征常数，它可以通过将米氏方程变换成双倒数方程实验求得。

对于 K_M，还可以如下分析。

（1）一定条件下，酶的 K_M 是常数。对不同来源的酶，比较其 K_M，可确定哪些酶是同种酶，哪些酶是同工酶（催化作用相同，但性质或构造不同的酶）。

（2）K_M 受 pH 值与温度等环境因素的影响，在不同环境条件下求出 K_M，可探索环境对 K_M 乃至对酶活性的影响。

（3）如果酶作用底物有几种，则最小 K_M（也有用最小 v_m/K_M 比值）表示底物与酶的最适底物或天然底物。

（4）从酶的 K_M 可粗略估计细胞内底物浓度变动范围，一般来说，底物浓度不会比 K_M 高出太多。

（5）从 K_M 与米氏方程式可以求出达到规定反应速度的适当的底物浓度，或已知底物浓度下相应的反应速度。理论上，若要达到最大反应速度，底物浓度至少要 20 K_M。米氏学说（Michaelis-Menten kinetics）对生物传感器的设计和响应动力学分析具有指导意义。需要指出的是，酶被固定化后，K_M 会有所改变，此时称为表观米氏常数（$K_{M,app}$）。多数生物传感器需在线性响应范围内工作，因此，被测底物浓度范围低于 K_M。

图 2-5 是酶动力学稳态期反应物质浓度变化的模式图。该图表明一个简单的酶催化反应［式（2-7）］中各反应物及产物随时间的变化。在经历极短暂的初始期后，[ES] 达到稳态，即 ES 的消耗和形成速度相同，也即 d[ES]/dt = 0。为利于阐述，图中 E 和 ES 的量被夸大。这里，[E]t = [ES] + [E]，实际上，当底物消耗时，[ES] 缓慢地下降，伴随着 [E] 的缓慢上升。这就是所谓的稳态假说。

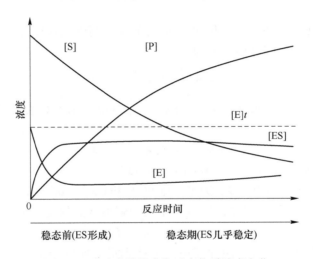

图 2-5　酶动力学稳态期反应物质浓度变化

催化常数 K_{cat}（catalytic constant）是酶动力学的第二个重要常数，用来直接描述酶分子活力：在最适的底物浓度下，每摩尔酶每分钟将底物浓度转变为产物的底物的摩尔数（或有关基团的当量数）。K_{cat} 越大，在酶分子表面的催化事件发生越快，即催化效率越高。K_{cat} 的单位是 s^{-1}，因此，K_{cat} 的倒数可以被看作是时间（s），即一个酶分子转换一个底物分子所需要的时间，故 K_{cat} 有时被称为转化数（turnover number）。大多数酶的 K_{cat} 在 10^3 以上。

对这些常数进一步进行研究，设想 [S] << K_M，并且大多数酶是游离的，即 [E]t ≈ [E]，则

$$v = (K_{cat}/K_M)[E][S] \tag{2-10}$$

因此，在这种条件下，K_{cat}/K_M 比值表现为底物和游离酶之间反应的二级速率常数。该比值很重要，它直接衡量酶的效率和特异性。一般来说，K_{cat}/K_M 比

值高，说明酶的催化效率高、特异性好；反之，则催化效率低、特异性差。

2.1.2 微生物反应

2.1.2.1 微生物反应的特点

微生物反应过程是利用微生物进行生物化学反应的过程，换句话说，微生物反应就是将微生物作为生物催化剂进行的反应。酶在微生物反应中起最基本的催化作用。然而，每一个微生物细胞都是一个极其复杂的完整的生命系统，数以千计的酶在系统中高度协调地行使功能。设想一下，一个大肠杆菌细胞能在 20 min 内制造另一个新的生命细胞，人类的智慧至今还没有设计这个系统的能力。

微生物反应与酶促反应有几个共同点：

（1）同属生化反应，都在温和条件下进行；

（2）凡是酶能催化的反应，微生物也可以催化；

（3）催化速度接近，反应动力学模式近似。

微生物反应在下述方面又有其特殊性：

（1）微生物细胞的膜系统为酶反应提供了天然的适宜环境，细胞可以在相当长的时间内保持一定的催化活性；

（2）在多底物反应时，微生物显然比单纯酶更适宜作催化剂；

（3）细胞本身能提供酶促反应所需的各种辅助因子和能量；

（4）更重要的是，微生物细胞比酶的来源更方便、更廉价。

利用微生物作传感器分子识别元件时有如下不利因素：

（1）微生物反应通常伴随细胞的生长或凋亡，不容易建立分析标准；

（2）细胞是多酶系统，许多代谢途径并存，难以排除不必要的反应；

（3）环境条件变化会引起微生物生理状态的复杂化，不适当的操作会导致代谢转换现象，出现不期望有的反应。

2.1.2.2 微生物反应类型

虽然微生物反应由数以千计的基本酶促反应组成，但不能简单地按酶促反应那样分类，而要体现生命活动特征，这样做是比较困难的。尽管如此，可以从不同角度对微生物反应类型进行认识。

A　同化与异化

根据微生物代谢流向，可将微生物反应分为同化作用和异化作用。在微生物反应过程中，细胞同环境不断地进行物质和能量的交换，其方向和速度受各种因素的调节，以适应体内外环境的变化。细胞将底物摄入并通过一系列生化反应转变成自身的组成物质，并贮存能量，称为同化作用（assimilation）或组成代谢。反之，细胞将自身的组成物质分解以释放能量或排出体外，称为异化作用（disassimilation）或分解代谢。代谢是酶所催化的，具有复杂的中间过程。如葡萄糖进入细胞内氧化成为水和 CO_2 要经过许多化学变化，这些过程总称为中间代谢。中间代谢步骤极多，顺序性很强，有条不紊，环环相扣，每一个环节上的化学物质都称为中间代谢物，它们在细胞内构成代谢流，并随着环境条件的变化通过可逆反应来调整反应，同化和异化之间的转化实际上就是代谢流方向的改变。

B　自养与异养

根据微生物对营养的要求，微生物反应又可分为自养性（autotrophic）与异养性（heterotrophic）。自养微生物的 CO_2 作为主要碳源，无机氮化物作为氮源，通过细菌的光合作用或化能合成作用获得能量。

光合细菌（如绿硫细菌、红硫细菌等）有发达的光合膜系统，以细菌叶绿素捕获光能，并作为光反应中心，其他色素（如类胡萝卜素）起捕获光能的辅助作用，光合作用中心反应产生高能化合物 ATP 和辅酶 $NADPH_2$（烟酰胺腺嘌呤二核苷酸磷酸），用于 CO_2 的同化，使 CO_2 转化成贮存能量的有机物，这是一个光能向化学能转化的反应。

化能自养菌从无机物的氧化中得到能量，同化 CO_2。根据能量来源的不同，化能自养菌可以分成不同类型，主要有硝化菌、硫化菌、氢化菌和铁细菌等。

硝化菌有亚硝化菌和硝化菌两类，分别催化下述反应：

$$2NH_3 + 3O_2 \longrightarrow 2HNO_2 + 2H_2O + 2 \times 272.1 \text{ kJ} \tag{2-11}$$

$$2HNO_2 + O_2 \longrightarrow 2HNO_3^- + 2 \times 75.7 \text{ kJ} \tag{2-12}$$

硫化菌能将元素硫或还原态硫氧化：

$$2H_2S + O_2 \longrightarrow 2S + 2H_2O + 2 \times 209.4 \text{ kJ} \tag{2-13}$$

$$2S + 3O_2 + 2H_2O \longrightarrow 2H_2SO_4 + 2 \times 626.2 \text{ kJ} \tag{2-14}$$

氢化菌以氢的氧化作为能量的来源，但也可行异养生活：

$$2H_2 + O_2 \longrightarrow 2H_2O + 2 \times 237.0 \text{ kJ} \tag{2-15}$$

异养微生物以有机物作碳源，无机物或有机物作氮源，通过氧化有机物获得能量。绝大多数微生物种类都属异养型。

C　好气性与厌气性

根据微生物反应对氧的需求与否，可将其分为好氧（aerobic）反应和厌氧（anaerobic）反应。在有空气的环境中才易生长繁殖的微生物称为好气性微生物，如枯草杆菌、节细菌、青霉菌、假单胞菌等绝大多数微生物。这些微生物的能力是多方面的，它们能够利用大量不同的有机物作为生长的碳源和能源，在反应过程中以分子氧作为电子受体或质子的受体，受到氧化的物质转变为细胞的组分，如 CO_2、H_2O 等。

必须在无分子氧的环境中生长繁殖的微生物称为厌气性微生物，一般生活在土壤深处和生物体内，如丙酮丁醇梭菌、巴氏菌、破伤风菌等，它们在氧化底物时利用某种有机物代替分子氧作为氧化剂，其反应产物是不完全的氧化产物。

许多微生物既能好氧生长，也能厌氧生长，称为兼性微生物，如固氮菌、大肠杆菌、链球菌、葡萄球菌等。一个典型的底物反应是葡萄糖的代谢，葡萄糖进入细胞内首先经糖酵解途径（EMP 途径）发生一系列反应生成丙酮酸，在缺氧时，丙酮酸生成乳酸或乙醇，在供氧充足时，丙酮酸经氧化脱羧生成乙酰辅酶 A，继而进入三羧酸循环（Krebs 循环）进一步氧化成 H_2O 和 CO_2，并产生大量的能。

D　细胞能量的产生与转移

微生物反应所产生的能大部分转移为高能化合物。所谓高能化合物是指含转移势高的基团的化合物，其中以 ATP 最为重要，它不仅潜能高，而且是生物体能量转移的关键物质，直接参与各种代谢反应的能量转移。有两类反应可以产生 ATP：

（1）由反应底物分子能量重新分布产生 ATP，如：

$$\underset{\text{2-磷酸甘油酸}}{\begin{matrix}COOH\\|\\HC-O-Pi\\|\\CH_2OH\end{matrix}} \xrightarrow{\ -H_2O\ } \underset{\text{磷酸烯醇式丙酮酸}}{\begin{matrix}COOH\\|\\HC-O\sim Pi\\|\\CH_3\end{matrix}} \xrightarrow{ADP\ \nearrow\ ATP} \underset{\text{丙酮酸}}{\begin{matrix}COOH\\|\\HC=O\\|\\CH_3\end{matrix}} \qquad (2\text{-}16)$$

$\sim Pi$ 为高能磷酸键。

（2）由氧化磷酸化产生 ATP，即底物被氧化释放的电子通过一系列电子递体从 NADH 或 $FADH_2$ 传到 O_2 并伴随产生 ATP。这一系列反应在细胞线粒体内膜上进行，是需氧生物取得 ATP 的主要来源。如 1 mol 葡萄糖完全氧化成 CO_2 及 H_2O 共产生 38 mol ATP。

ATP 可接受能量和支付能量，由 ATP 转变为 ADP（腺苷二磷酸）脱去一个高能磷酸键释放的能量为 31.768 ~ 32.604 kJ/mol。这些能量可能用于合成代谢、机械运动、渗透、吸收以及产生光、电、热等物理效应。

2.1.2.3　分析微生物学

分析微生物学（analytical microbiology）是利用微生物完成定量分析任务的学科。在有些情况下，微生物测定法比化学方法更专一和灵敏，效率也更高。有几种测定的形式，如细胞的增殖，酸、碱类等代谢产物的生成，呼吸强度，细胞内部亚系统的反应（如盐类从细胞中渗漏出来）以及物理形态的变化等，其中以细胞增殖和呼吸法最为常用。

细胞增殖法的原理是，某些微生物必须依赖一些氨基酸、维生素、嘌呤和嘧啶等物质生长。当培养液中缺少某一种必需营养时，就限制菌体生长。因此，菌体增殖与必需营养物质的浓度呈正相关。另外，抗生素能抑制菌体生长，根据菌体增殖速度可以测定抗生素类的浓度。菌体增殖采用平板生长计数法和菌悬液浑浊度法，测定周期为 1 天至数天，灵敏度为 μg/mL 级。

呼吸法是根据菌体在同化底物或被抑制生长时的 CO_2 释放或 O_2 的消耗进行测定，通常采用瓦勃测压法，反应时间为数十分钟至数小时。如制霉菌素能降低酵母菌的 CO_2 排出量，大肠杆菌能对谷氨酸脱羧并释放足够可检的 CO_2 等。

在被分析底物能促进微生物代谢的情况下，关键是要获得对底物的专一性反应。实验菌株常常是一些经过变异的菌株，它们或成为对某些营养的依赖性称为营养缺陷型，或能在体内高浓度地积累某种酶，由此实现测定的专一性。

2.2　免疫学及核酸反应

2.2.1　免疫学反应

免疫指机体对病原生物感染的抵抗能力。可区别为自然免疫和获得性免疫。自然免疫是非特异性的，即能抵抗多种病原微生物的损害，如完整的皮肤、黏膜、吞噬细胞、补体、溶菌酶、干扰素等。获得性免疫一般是特异性的，在微生物等抗原物质刺激后才形成（免疫球蛋白等），并能与该抗原起特异性反应。

上述各种免疫过程中，抗原与抗体的反应是最基本的反应。

2.2.1.1　抗原

A　抗原的定义

抗原（antigen）是能够刺激动物机体产生免疫反应的物质，但从广义的生物学观点看，凡是具有引起免疫反应性能的物质，都可以称为抗原。抗原有两种性能：刺激机体产生免疫应答反应；与相应免疫反应产物发生特异性结合反应。前一种性能称为免疫原性（immunogenicity），后一种性能称为反应原性（reactionogenicity）。具有免疫原性的抗原是完全抗原（complete antigen，Ag），那些只有反应原性，不刺激免疫应答反应的称为半抗原（hapten）。

B　抗原的种类

按抗原物质的来源，抗原可分为如下三类。

（1）天然抗原：天然抗原来源于微生物和动物、植物，包括细菌、病毒、血细胞、花粉、可溶性抗原毒素、类毒素、血清蛋白、蛋白质、糖蛋白、脂蛋白等。

（2）人工抗原：人工抗原是经化学或其他方法变性的天然抗原，如碘化蛋白、偶氮蛋白和半抗原结合蛋白（DNP 蛋白）。

（3）合成抗原：合成抗原为化学合成的多肽分子。

C　抗原的理化性状

（1）物理性状：完全抗原的分子质量较大，通常在 1×10^4 D 以上。分子质量越大，其表面积相应越大，接触免疫系统细胞的机会增多，因而免疫原性也就增强。相对分子质量低于 5000～10000 就无免疫原性，如半抗原雌酮-3-葡萄糖苷酸的相对分子质量只有 468。

抗原均具有一定的分子构型，或为直线或为立体构型。一般认为环状构型比直线排列的分子免疫原性强，聚合态分子比单体分子的强。

（2）化学组成：自然界中绝大多数抗原都是蛋白质，既可为纯蛋白质，也可为结合蛋白质，后者包括脂蛋白、核蛋白、糖蛋白等。此外还有血清蛋白、病毒结构蛋白、微生物蛋白及其多糖、脂多糖（细菌内毒素）、植物蛋白和酶类。近年来证明核酸也有抗原性。

D 抗原决定簇

抗原决定簇（antigen determinant）是抗原分子表面的特殊化学基团，抗原的特异性取决于抗原决定簇的性质、数目和空间排列。不同种系的动物血清白蛋白因其末端氨基酸排列的不同，而表现出各自的种属特异性见表 2-2。

表 2-2 抗原决定簇的种属特异性

种属	—NH$_2$ 末端（N 端）	—COOH 末端（C 端）
人	天冬酰胺、丙氨酸	甘氨酸、缬氨酸、丙氨酸、亮氨酸
马	天冬酰胺、苏氨酸	缬氨酸、丝氨酸、亮氨酸、丙氨酸
兔	天冬酰胺	亮氨酸、内氨酸

一种抗原常具有一个以上的抗原决定簇，如牛血清蛋白有 14 个，甲状腺球蛋白有 40 个。

2.2.1.2 抗体

抗体（antibody）是由抗原刺激机体产生的具有特异性免疫功能的球蛋白，又称免疫球蛋白（immunoglobulin，Ig）。人类免疫球蛋白有五类，即 IgG、IgM、IgA、IgD 和 IgE。

免疫球蛋白都是由一个至几个单体组成，每一个单体有两条相同的分子质量较大的重链（heavy chain，H 链）和两条相同的分子质量较小的轻链（light chain，L 链）组成，链与链之间通过二硫链（—S—S—）及非共价链相连接，如图 2-6 所示。

每条重链的分子质量为 55000 D，由 420～460 个氨基酸组成。各种 Ig 重链的氨基酸组成不同，因而抗原性也各异，可分为 p、x、μ、s 及 e，分别构成 IgG、IgA、IgM、IgD 和 IgE。一条重链可分为四个功能区，每一功能区约含 110 个氨基酸，N 端的功能区是重链的可变区（VH），其余为重链的恒定区（CH），分别称为 CH$_1$、CH$_2$ 和 CH$_3$。

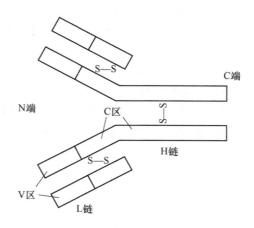

图 2-6　免疫球蛋白（Ig）结构模式图

轻链分子质量为 22000 D，由 213～216 个氨基酸组成。每条轻链分为两个功能区，N 端为轻链可变区（VL），约含 109 个氨基酸，余下部分为恒定区（CL）。轻链有两种类型，每一种 Ig 只能含一种类型的轻链，即或为 H 型，或为 λ 型。

在 VL 区和 VH 区都发现了更易变化的区域，称其为高变区。高变区是抗体结合抗原的高度特异性所在，而变化区其他部分主要功能是为高变区提供合适的三维空间结构，以使抗原分子有一合适的浅槽。

2.2.1.3　抗原-抗体反应

抗原-抗体结合时将发生凝聚、沉淀、溶解反应和促进吞噬抗原颗粒的作用。

抗体与抗原的特异性结合点位于 Fab L 链及 H 链的高变区，又称抗体活性中心，其构型取决于抗原决定簇的空间位置，两者可形成互补性构型。在溶液中，抗原和抗体两个分子的表面电荷与介质中离子形成双层离子云，内层和外层之间的电荷密度差形成静电位和分子间引力。由于这种引力仅在近距离上发生作用，抗原与抗体分子结合时对位应十分准确。这种准确对位是由于两个条件所致，一是结合部位的形状要互补于抗原的形状；二是抗体活性中心带有与抗原决定簇相反的电荷。然而，抗体的特异性是相对的，表现在两个方面：其一，部分抗体不完全与抗原决定簇相对应，如鸡白蛋白的抗体可与其他鸟类白蛋白发生反应，这种现象称为交叉反应（cross reaction），交叉反应与同源性抗原反应有显著差异；其二，即便是针对某一种半抗原的抗体，其化学结构也可能不一致。

抗原与抗体结合尽管是稳固的，但也可能是可逆的。调节溶液的 pH 值或离子强度，可以促进可逆反应。某些酶能促使逆反应，抗原-抗体复合物解离时，都保持自己本来的特性。例如，用生理盐水把毒素-抗毒素的中性混合物稀释至原浓度的1%时，所得到的液体仍有毒性，说明复合物发生解离，该复合物能在体内解离而导致中毒。

2.2.1.4 免疫学分析

A 沉淀法

可溶性抗体与其相应的抗原在液相中相互接触，可形成不溶性抗原-抗体复合物而发生沉淀，包括扩散实验和电泳试验，此为经典的免疫学实验，灵敏度水平为 $\mu g/mL$ 级。

B 放射免疫测定法

放射免疫测定法（radiation immunoassay，RIA）即利用放射性同位素示踪技术和免疫化学技术结合起来的方法，具有灵敏度高、特异性强、准确度佳、重复性好等特点，可检出 $10^{-12} \sim 10^{-9}$ g 痕量物质。经典的 RIA 用已知浓度的标记（^{14}C、^{32}P、^{35}S、^{3}H 等）抗原和样品抗原竞争限量的抗体，曾经广泛应用，缺点是要使用同位素，对操作者和环境有一定的危害性。

C 免疫荧光测定法

将抗体（或抗原）标记上荧光素与相应的抗原（或抗体）结合后，在荧光显微镜下呈现特异性荧光，称为免疫荧光法（immuno fluorescent assay）。最常用的荧光染料为异硫氰酸荧光素（FITC）。FITC 有两种异构体，都能与蛋白质良好的结合，其最大吸收光谱为 $490 \sim 495$ nm，最大发射光谱为 $520 \sim 530$ nm，呈现明亮的黄绿色荧光。免疫荧光法不仅具有高度的特异性和敏感性，而且能对组织或细胞样品中的微量抗原或微量抗体进行定位，具有形态学特征。

D 酶联免疫测定法

酶联免疫测定法（enzyme linked immunoassay，ELISA）是用酶促反应的放大作用来显示初级免疫学反应。为此，需要制备酶标抗体或酶标抗原，通称酶结合物（enzyme conjugate）。该结合物保留原先的免疫学活性和酶学活性。实验时，首先是抗原-抗体之间的特异性结合，然后加入酶的相应底物，在酶的催化下发生水解、氧化或其他反应，生成有色产物。酶结合物发挥酶的催化作用，其活性与产物呈现的色度成正比，并反映被测抗原或被测抗体的量。当采用竞争结合（如酶标抗原与样品中抗原同时竞争有限的抗体）时，色度与样品抗原浓度成反比。

ELISA 方法中需用固相载体作为免疫吸附剂，以便将结合酶标记物的与游离的酶标记物分离，故又称酶标固相免疫测定法。

ELISA 虽然灵敏度不如放射性免疫法和免疫荧光，但特异性、重视性和准确性很好，同时具有试验成本低、试剂稳定性好和操作安全等特点，故是目前应用最广的免疫学检测方法。

2.2.2　核酸与核酸反应

2.2.2.1　核酸组成与结构

A　核酸的组成成分

核酸是所有生命体的遗传信息分子，包括脱氧核糖核酸（DNA，deoxyribonucleic acid）和核糖核酸（RNA，ribonucleic acid）。两类核酸都是由单核苷酸（nucleotide）组成的多聚物。核酸分子中的核苷序列组成密码，其功能是贮存和传输遗传信息，指导各种类型蛋白质的合成。

单核苷酸的组成包括以下三个部分。

（1）嘧啶（pyrimidine）和嘌呤（purine），均含有氮碱基，通常简称为碱基（base）。嘧啶含有一个环，共有尿嘧啶（U）、胸腺嘧啶（T）和胞嘧啶（C）三种；嘌呤含有两个环，共有腺嘌呤（A）和鸟嘌呤（G）两种。

（2）五碳糖（脱氧核糖和核糖）。

（3）1~3个磷酸基团。

其中，氮碱基与核糖或脱氧核糖的1位碳相连。两个五碳糖只是在第2个碳上有区别——羟基或脱氧。该结构称为核苷（nucleoside）。核苷上五碳糖的5位碳与磷酸相连，形成单磷酸核苷酸、二磷酸核苷酸或三磷酸核苷酸。

两种核酸分子的组成如图2-7所示。核苷之间通过磷酸彼此连接成聚合物，为骨架链。其中，DNA链含有脱氧核糖和A、T、C、G 4种碱基，RNA含有核糖和A、U、C、G 4种碱基。T与U的唯一区别是T的环中含有甲基，而U没有。完整的核酸分子中通常含有一些被化学修饰过的碱基。

B　DNA结构

DNA的一级结构指脱氧核苷酸在长链上的排列顺序。1977年测定了含有5375个核苷酸的噬菌体 $\phi \times 174$ DNA核苷酸顺序。如今有许多生物的基因组序列已经被全部测定，最大的是人类基因组，含有大约30亿个碱基。

DNA的二级结构为双螺旋链，由两条反向平行的脱氧多核苷酸链围绕同一中心轴构成。两股单链"糖-磷酸"构成骨架，居双螺旋外侧；碱基位于双螺旋内侧，并与中心轴垂直。双螺旋上有两个沟：大沟和小沟。每圈螺旋含10个核苷酸残基，螺距为3.4 nm，直径为2 nm。碱基配对规则为：A与T、C与G，构成互补双链。维持DNA双螺旋结构的稳定因素主要是三种分子内力：

（1）分子内部碱基之间配对所形成的氢键，如果碱基对达到10个以上，氢键能够形成稳定的结构；

（2）碱基堆积力，属于van der Waals力，特别是彼此十分靠近的碱基上原子；

（3）分子内部碱基对之间的疏水键。

在上述三种力中，氢键的贡献最大，而氮碱基主要为非极性，它们紧密堆

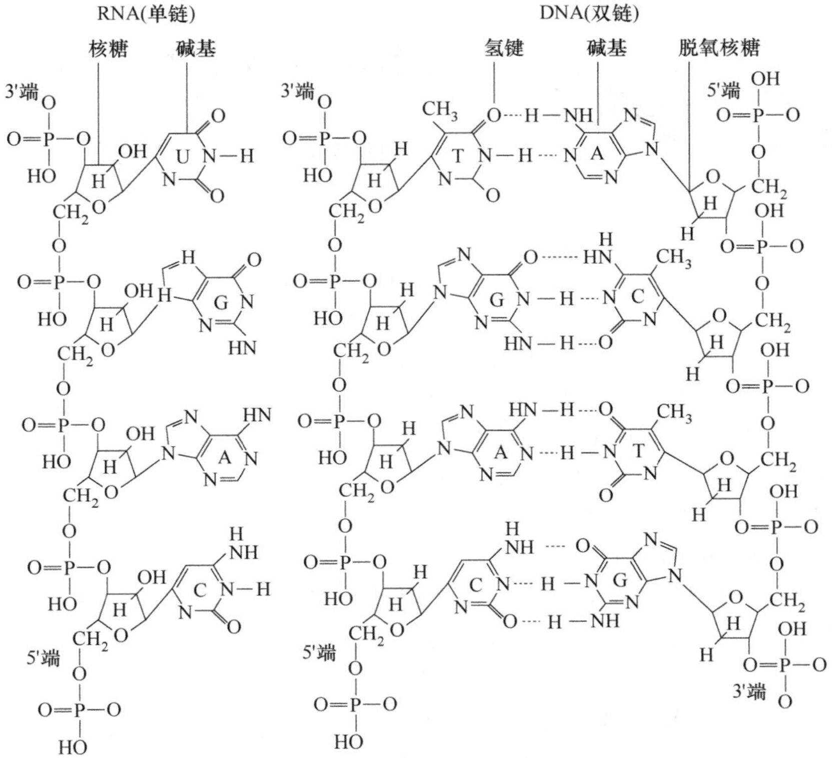

图 2-7 核酸分子组成和结构

积，将水分子排除，使 DNA 双螺旋分子内部为非极性环境。上述 DNA 双螺旋二级结构是天然 DNA 分子的主要存在形式，称为 B 型。此外还发现 A 型、C 型和 Z 型。不同构象只是螺距、直径、每圈含有的碱基数目不同，其中 Z 型为左旋。DNA 双螺旋结构主导了近代核酸结构功能的研究和发展，被视为生物科学发展史上的里程碑。

C RNA 结构

RNA 在细胞中主要以单链形式存在，但 RNA 片段也可能暂时形成双螺旋，或自折叠成双螺旋区域。这种自折叠结构常常比 RNA 的核苷酸序列具有更加重要的功能，尤其是非编码 RNA，如核糖体 RNA。

2.2.2.2 DNA 变性

DNA 会发生变性（denature）。在低温，自由能为正，DNA 分子中的变性组分少。当温度升高时，氢键和其他分子间力被搅乱，自由能下降，直到两条链分离和松散，称为解链（melting），如图 2-8 所示。在解链过程中，DNA 分子溶液在 260 nm 处的吸收增加，这是由于 DNA 分子中的嘌呤和嘧啶的芳香基团暴露所致。在该波长处光吸收的增加称为增色效应（hyperchromic effect）。

变性
（升温、自由能降低）

复性
（降温、自由能增加）

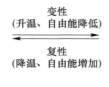

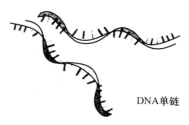

DNA双螺旋链　　　　　　　　　　　　　　　　　　　　　　DNA单链

图2-8　DNA变性和复性

当温度升到 50 ~ 60 ℃时，大多数 DNA 分子都会发生变性或解链。在许多情况下，当温度返回正常值时，DNA 或者 RNA 能够重新回到天然结构，称为复性（annealing）。此时，DNA 溶液的光吸收值下降，称为减色作用（hypochromism）。图 2-9 为 DNA 分子变性过程中的增色效应。当溶液光吸收强度增加到最大值一半时，所对应的温度称为解链温度（melting temperature），用 T_m 表示。T_m 是各种 DNA 重要的特征常数，既可以实验测得，也可以根据碱基组成计算获得，在实际中有广泛的用途。

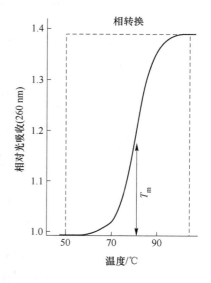

图2-9　DNA变性曲线

2.2.2.3　核酸分子杂交

分子杂交（molecular hybridization）是利用分子之间互补性（complementarity）对靶分子（target molecule）进行鉴别的方法。互补性具有序列特异性或形态特异性，它使两个分子彼此间结合。结合的形式包括 DNA-DNA、DNA-RNA、RNA-RNA 和蛋白质-蛋白质（抗体）。其中 DNA-DNA 是应用最多的一种核酸杂交形式。

　　DNA-DNA 杂交又称 Southern blotting，由当时还在 Edinburgh 大学 E. M. Southern 发明。基本实验过程为：用一个限制性酶（restriction enzyme）将 DNA 片段化，经过电泳分离，然后转移到膜上，与单链 DNA 探针（DNA probe）共温育。经过温度变化让 DNA 变性和复性，使探针 DNA 分子与互补的样品 DNA 序列结合形成双链。由于探针具有标记（放射性、酶或荧光），能够因此检测到样品中互补 DNA 的存在及部位。DNA 杂交具有广泛的用途，如可以测定一个限制性 DNA 片段的分子量、不同样品中相对含量、杂交测序、复杂基质中靶 DNA 的定位等。在生物传感器和生物芯片中也常常采用。

2.2.2.4 核酸功能

A DNA 功能

DNA 是遗传信息的载体，其所携带的信息不仅是安全可靠的，还可以读取和利用，并代代稳定相传。DNA 通过三个反应来实现上述功能，即自我复制（self replication）、自我修复（self repair）和转录（transcription）成 mRNA 并随后被翻译（translation）成蛋白质。DNA 自我复制发生在细胞分裂之前，有如下三个步骤。

（1）在螺旋酶（helicase）的作用下，一部分双链被打开。

（2）DNA 聚合酶与 DNA 的一条链结合，并沿 3′端至 5′端移动，利用该链为模板，合成一段核酸引导链（leading strand），该链重新形成双螺旋链。

（3）由于 DNA 合成只能按 5′端至 3′端方向进行，另一个 DNA 聚合酶也同时与另一条单链结合并进行 DNA 片段的合成，并有连接酶将这些片段连接起来，形成滞后链（lagging strand）。上述过程形成两个完全一样的 DNA 分子，称为复制（replication）。复制的 DNA 分子被均等地分配到两个子细胞，使它们具有完全相同的遗传学信息。DNA 分子的每一条链都是一个模板，所合成的链称为互补（complementary）链。该模型称为半保留模型（semi conservative），即每个新的 DNA 分子中有一半是原有的，另一半是新合成的。在大肠杆菌中，复制的起点是固定和单一的，合成速度大约为每秒钟 1000 个核苷酸。而在人体细胞中，有多个复制起点，但合成速度仅为每秒 50 个核苷酸。如果复制过程中发生碱基错配（mismatch），将发生基因点突变。细胞主要有两道防线防止突变的发生，一个是 DNA 聚合酶的校正（proof reading）功能，当发生一个碱基错配后，DNA 聚合酶的一个亚基将识别并将之切除，以重新进行正确合成；另一个是 DNA 错配修复系统，有多种模式，研究得比较深入的是 MutS/MutL/MutH 系统，它们通过协同作用，在 DNA 复制完成以后，能够对 DNA 继续进行检查，识别出错配碱基，并将之切除修复。这种机制保证了生物遗传的稳定性。

转录过程是将 DNA 所携带的遗传信息拷贝到短寿命的信使 RNA（mRNA）上。其步骤如下：

（1）DNA 被转录部分解螺旋，RNA 聚合酶与一条 DNA 的一条单链结合，该结合部位称为启动子区域（promoter region）；

（2）RNA 聚合酶以所结合的 DNA 链为模板，合成延伸一段序列互补的 RNA 链；

（3）完成合成的 RNA 脱离 RNA 聚合酶/DNA 复合物，并进入细胞质开始参与翻译。

在原核细胞中，DNA 中一般不含有内含子（intron），所转录的 mRNA 可以直接参与蛋白质翻译过程。而在真核细胞中，基因组中含有大量内含子，它们插入在基因中间，功能还不太清楚，但在 RNA 合成时被同时转录下来，要经过后续拼接才进入蛋白质翻译程序。

B　RNA 功能

RNA 有信使 RNA（mRNA）、转移 RNA（tRNA）、核糖体 RNA（rRNA）三种类型，以及新近发现的小分子核内 RNA（snRNA）。它们分别有如下作用。

mRNA 将 DNA 所含的信息转录下来并来到蛋白质翻译机器（核糖体），在此它将直接指导蛋白质的合成。mRNA 的大小和序列都不一样，但 5′端总是含有一个"帽子"（cap），由三磷酸连接两个甲基化修饰的核苷酸。大多数 mRNA 还含有多聚 A"尾巴"（tail）。帽子和尾巴对分子的稳定性有好处。在真核细胞中，mRNA 首先从 DNA 直接拷贝，然后经过加工拼接，除掉内含子，剩下将要被翻译成蛋白质的部分（外显子，extron），以及修饰后成为成熟 RNA 分子。

rRNA 是蛋白质合成机器——核糖体结构的一部分。真核生物含有 4 种 rRNA，按沉降系数❶分为 18s rRNA、5.8s rRNA、28s rRNA 和 5s rRNA。细胞内大约 80% 的 RNA 为 rRNA。它们在蛋白质合成中有如下作用：

（1）28s rRNA 具有催化作用，它构成核糖体 60s 亚基的肽基转移酶活性；

（2）18s rRNA 通过识别作用，校正 mRNA 和肽基化 rRNA 的位置；

（3）rRNA 的三维空间结构形成装配整个核糖体的骨架。

tRNA 直接将 mRNA 所转录的 DNA 信息解码成蛋白质的氨基酸序列。在原核细胞中，有 30 多种 tRNA，而动植物细胞中有 50 种。所有的 tRNA 具有类似结构，其一个骨架包括 4 个臂和 3 个环。其中反密码子环（anti codon）能够识别 mRNA 分子中的三联密码子，再由受体臂结合相应的氨基酸，添加到正在合成的肽链末端。

snRNA 发现于细胞核中，在 RNA 拼接（splicing，即除掉 RNA 的内含子）、维持染色体末端或端粒稳定性等方面起重要作用，它们总是与特殊的蛋白质形成复合物（RNA/protein complex）。

各种 RNA 分子之间精确的配合，协调完成 DNA 信息的转录、拼接、传递和翻译，在遗传学信息到实际功能的转变的一系列反应中发挥关键作用。

2.3　催化抗体及催化性核酸反应

2.3.1　催化抗体（抗体酶）

综上所述，抗体具有与抗原特异性结合的部位。1946 年，Pauling 在描述酶的功能时就推测：酶与其底物结合后，活性中心与底物的张力结构相匹配形成过

---

❶　沉降系数：蛋白质分子在离心时，其分子质量、分子密度、组成、形状等，均会影响其沉淀速率，沉降系数即用来描述沉降性质，其单位为 S（Svedberg unit），每一种蛋白质的沉降系数与其分子密度或分子量成正比。

渡态。这一概念是 Jencks 于 1969 年提出，以具有化学稳定性的过渡态结构类似物（即可以与酶结合但不被催化）作为半抗原，诱导免疫应答所产生的抗体可能表现酶的催化活性。1966 年，Slobin 首先报道了抗-半抗原兔多克隆 IgG 能够水解对硝基苯乙酸。1985 年，Schochetman 等提出制备抗-过渡态结构类似物的催化单克隆抗体的一般方法，并利用这类抗体促进化学反应。一年之后，两个独立的研究组研制出针对过渡态的半抗原结构类似物，并对对硝基苯磷酰胆碱或单芳基磷酸酯，具有催化性质的单克隆抗体。所催化的过程中，一个碳原子与其他 3 个原子结合（Ⅰ），在水分子参与后，伴随形成非稳定的 4 价过渡态（Ⅱ）：

$$R^1-\overset{\displaystyle O}{\overset{\|}{C}}-O-R^2 \xrightarrow{H_2O} \left[\overset{\displaystyle O^-}{\underset{\underset{H}{\overset{|}{O^+}}{|}}{\overset{|}{R^1-C-O-R^2}}} \right] \longrightarrow R^1-\overset{\displaystyle O}{\overset{\|}{C}}-O-H+R^2-OH \qquad (2\text{-}17)$$

Ⅰ   Ⅱ

为设计这种非稳定的过渡态（Ⅱ）结构类似物，通常用磷原子（Ⅲ）来模拟碳原子（Ⅱ）：

$$R^1-\overset{\displaystyle O^-}{\underset{\underset{H}{\overset{|}{\underset{H}{O^+}}}{|}}{\overset{|}{C}}}-O-R^2 \longrightarrow R^1-\overset{\displaystyle O^+}{\underset{\overset{\|}{O}}{\overset{|}{P}}}-O-R^2 \qquad (2\text{-}18)$$

Ⅱ   Ⅲ
过渡态   过渡态类似物

用该转换态结构类似物（Ⅲ）小分子半抗原去免疫动物，便能获得相应的抗体。由于针对半抗原的抗体在立体几何形状和电学性质与反应过渡态互补，因而可以稳定过渡态，从而加速反应。

这类催化抗体称为抗体酶（abzymes），是抗体（antibody）和酶（enzyme）的复合词；或称催化抗体（catalytic antibody），是具有催化活性的单克隆抗体。它通常是人工合成物（已经有 100 多种），但也存在于正常人体内和病患者体内，如自身免疫疾病系统性红斑狼疮患者体内的抗体酶能结合和水解 DNA。1989 年，Paul 等发现了体内存在的第一个天然催化性 IgG，能特异性地水解肠血管活性肽。此后又相继发现了多种天然抗体酶。为了区分天然的抗体酶和抗-过渡态类似物的抗体酶，通常将前者称为抗体酶，后者称为合成抗体酶。

抗体酶具有如下主要优点。

（1）与自发反应相比，催化速度可以提高几百倍。

（2）扩大了酶的催化范围。有许多化学反应还没有已知的酶能够催化，而利用产生抗体酶的策略就有可能获得其抗体酶。

（3）将类似于酶的辅因子引入抗体结合部位，将能扩大抗体催化反应类型范围。

（4）抗体酶比较容易进行人工定向加工。

然而，与天然酶相比，目前制备的抗体酶的催化能力还有比较大的差距。抗体酶的催化效率为 $10^2 \sim 10^6$ 倍，而天然酶催化的效率在 10^7 倍以上。提高抗体酶催化效率，是使抗体酶获得应用的重要前提。实现的途径除了常规的过渡态、催化基团、辅基等策略以外，还可借助计算机分子设计、抗体工程和体外分子进化等手段。

抗体酶的发现使人们认识到，抗体、酶和细胞受体之间的分子机制和生物学功能具有不可避免的交叉性。这一认识丰富了对酶的认识，并间接导致了核酶等新类型生物催化剂的发现。

2.3.2　催化性核酸反应

1983 年，Altman 实验室报道："核酸酶 P 的 RNA 一部分是酶的催化亚基"。这里，核酸酶 P 是 RNA-蛋白质复合物。三年后，Cech 实验室也发现四膜虫（tetrahymena）所含的一种干扰 RNA 具有酶性，并系统地研究了其催化性质。他们的发现改变了学术界对酶的认识：酶不仅仅是蛋白质，或者说生物催化剂不仅仅是蛋白质属性的酶。同样有意义的是，它们在生命过程中执行重要的功能。由此，1989 年，Altman 和 Cech 分享了诺贝尔化学奖，并分别做了"用 RNA 剪切 RNA"和"四膜虫干扰 RNA 自剪接和酶学活性"的演讲报告。他们的发现，极大地鼓励人们去关注其他可能的生物催化机制。随后，果然发现某些 DNA 也具有剪切 RNA 的功能[1]。

2.3.2.1　催化性 RNA

催化性 RNA 有多种名称：RNA 酶（RNA enzyme）、核酶（ribozyme）、催化 RNA（catalytic RNA）等，本节统称为催化性 RNA，它们都属于反义 RNA（antisense RNA）。

A　类型与结构

催化性 RNA 具有较弱的裂解和连接酶活性，其催化具有 RNA 序列选择性。这种选择性由在靶 RNA 被剪切位点附近的核苷酸和催化性 RNA 核苷酸的 Watson-Crick 碱基配对所决定，包括顺式剪切（cis-cleaving）和反式剪切（trans-cleaving）。将催化 RNA 的催化域（catalytic domain）分离，黏接上反义 RNA 识

---

[1]　Guerrier-Takada C，Gardiner K，Maresh T，et al. The RNA moiety of ribonuclease P is the catalytic subunit of the enzyme. Cell，1983，35：849-857.

别臂，能够形成反式剪切，这就是所谓分子工程（molecular engineering）改造。理论上，任何编码与疾病相关蛋白质的 mRNA 都可能被催化性 RNA 剪切。

目前，已经知道有几种主要的 RNA 催化超二级结构（motif），包括锤头 RNA（hammerhead RNA）、发夹 RNA（hairpin RNA）、组 I 内含子和组 II 内含子（group I intron, group II intron）、RNA 酶 P 中的 RNA 组分、肝炎-δ-RNA 等。它们都具有自我剪切功能，参与类病毒 RNA 或卫星病毒 RNA 滚环复制。这些催化性 RNA 的序列和结构不一样，但都催化同样的化学反应：切断磷酸二酯键。其中，来自植物类病毒（viroid）和拟病毒（virusoid）的锤头催化性 RNA 和发夹 RNA 已经比较清楚，它们分子尺寸相对较小，能够与各种侧链序列整合而不改变位点特异性剪切能力，因此被广泛研究。

锤头状 RNA 也属于反义 RNA，其分子一部分与另一部分（或者靶 RNA 分子的一部分）形成碱基配对，构成骨架，其余部分保留单链形式并形成环（loop）。催化模型来源于烟草环斑病毒（Ringspot virus）sTobRV^2 的卫星 RNA 链（+）。它有三个基本组分（图 2-10）：

（1）高度保守的 22 个核苷催化域，为环状单链；

（2）碱基配对序列，为双螺旋骨架，其 3′端和 5′端可形成磷酸二酯键；

（3）与靶 RNA 上的裂解位点序列（如 GUC）互补的识别序列。这里，靶序列上的 N 可以是任何一种核苷，U 为保守。裂解位点发生在识别序列的 3′端，形成的末端含有一个 2′，3′-环磷酸二酯和一个 5′-羟基末端。

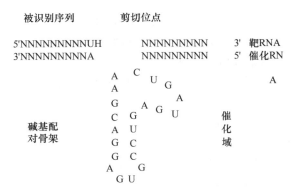

图 2-10　锤头状 RNA 的结构

B　催化机制与动力学

根据多位学者实验所获得的催化动力学分析和 X 射线晶体结构数据，Sun 等描述了锤头状催化性 RNA 和 10～23 bp 催化性 DNA 对小分子 RNA 的剪切过程（图 2-11），包括如下基本步骤：

（1）酶的结合域或配对臂与底物单链 RNA 通过结合，形成双螺旋链，即酶-

底物复合物，在结合部位，催化域形成具有催化活性的二级结构，在接近剪切位点接纳一个 2 价阳离子（如 Mg^{2+}）；

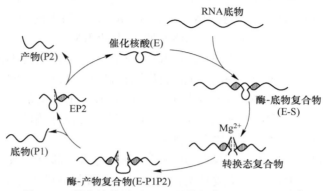

图 2-11　催化性核酸对 RNA 的剪切作用循环示意图❶

（2）此时，酶-底物复合物进入转换态（或过渡态），在金属离子和 RNA 之间的这种构造使剪切能力放大了多个数量级；

（3）在切断磷酸二酯键之后，酶和两个切断的产物仍然结合在酶分子上，为产物相（product phase），而后释放；

（4）释放两个产物以后，酶重新游离变成催化性 RNA，再结合其他底物分子。

Michaelis-Menten 机制包括复合转换（multiple turnover）和单一转换（single turn-over）两种模型。在复合转换条件下，底物对催化性 RNA 过量，使其能同时催化几个底物分子。K_{cat} 和 K_M 随着催化性 RNA 螺旋臂的长短而变化。如臂长为 6 碱基，K_{cat} 和 K_M 分别为 1~2 min 和 20~200 nmol/L。延长螺旋臂可增加稳定性，并使 K_{cat} 大幅度降低。

在单一转换条件下，催化性 RNA 对底物过量，通常用来切割长链 mRNA 底物，催化速率比短链要低几个数量级。

锤头状催化性 RNA 能够剪切一个 RNA 的任何 5′-NUH-3′三组分序列。体外实验证明，三组分序列中 U 为保守，N 是任一核苷，H 可以是 C、U、A，但不能为 G。这种特性称为 NUH 法则（NUH rule）。通过比较实验研究，得出了 K_{cat} 变化规律：AUC、GUC > GUA，AUA，CUC > AUU，UUC、UUA > GUU，CUA > UUU、CUU。NUH 法则后来又被发展成 NHH 法则。

除了三碱基组分法则以外，催化性 RNA 本身的序列也影响剪切速率。一般

❶　Sun L Q，Cairns M J，Saravolac E G，et al. Catatlytic nucleic acids：From lab to applications ［J］. Pharmacological Reviews，2000，52：325-347.

而言，如果底物为短片段 RNA，则催化性 RNA 结合臂越长，剪切速度越慢。如果底物为长片段 RNA，其分子内部结构可能影响与催化性 RNA 的结合。

2.3.2.2 催化性 DNA

催化性 DNA（catalytic DNA）也有其他名称，如脱氧核酶（deoxyribozyme）和 DNA 酶（DNA enzyme 或 DNAzyme）。本节统称催化性 DNA。

A 催化性 DNA 研究起源

催化性 DNA 的研究是在催化性 RNA 研究基础上发展起来的。催化性 RNA 的主要缺点是比较脆弱，容易受核酸酶的攻击而水解。在合成催化性 RNA 时掺杂一些结构类似物（如 2-脱氧核苷衍生物、2-甲基化核苷衍生物、2-氨基核苷衍生物或 2-氟核苷衍生物），能够有效地提高对核酸酶的抗性能力。但如果掺杂的结构发生在保守部位时，会丧失催化活性。最有效的合成催化性 RNA 为嵌合组分（chimeric composition），既保留催化活性，又增加稳定性。如在双螺旋形成超二级结构域和催化域的某些特殊部位用 DNA 取代后能改善生物学稳定性。但即便是嵌合体，稳定性的提高也是很有限的。天然 DNA 及其化学修饰的衍生物对核酸酶的抗性远优于 RNA。因此，科学家开始寻找能够催化 RNA 裂解的催化性 DNA。

B 催化性 DNA 的筛选

为了获得能够剪切 RNA 的 DNA 序列，Breaker 和 Joyce 特设计了一种体外筛选方法[1]。通过化学合成得到随机 DNA 序列的组合库（$10^{13} \sim 10^{14}$ 个不同序列），片段长度为 40~50 个碱基。每一个片段的两端都含有固定的序列，作为 PCR 引物结合部位。底物 RNA 一端修饰生物素，以通过与亲和素的反应固定到载体上，另一端与随机 DNA 片段结合，形成 RNA-DNA 嵌合体。如果嵌合体中的 DNA 单链部分能围绕 RNA 部分进行折叠，并导致分子内的自切割（self-cleavage），就是具有能催化 RNA 裂解的催化性 DNA。剪切后，DNA 部分从固相载体上自动脱落进入溶液，成为 PCR 的模板，其两端的固定序列与溶液中的 PCR 引物结合，进行扩增，供第二轮筛选，同时，没有活性的序列仍然留在载体上。在经过数轮筛选之后，可能通过 RNA 剪切实验观察到活性分子，然后将之克隆并测序。根据测定的序列可以推测其二级结构。

通过实验筛选到两个催化性 DNA："8~17" RNA 裂解 DNA 酶和 "10~23" RNA 裂解 DNA。它们的命名源于实验中的第 n 次体外筛选的第 n 个克隆[2]。

C 催化性 DNA 的性质

催化性 DNA 的作用机制与催化性 RNA 类似（图 2-11），它们具有如下基本

---

[1] Breaker R R, Joyce G F. A DNA enzyme that cleaves RNA [J]. Chemical Biology, 1994, 1: 223-229.

[2] Santoro S W, Joyce G F. A general purpose RNA-cleaving DNA enzyme [J]. PNAS USA, 1997, 94: 4262-4266.

性质：

（1）二级结构类似于锤头结构，含有结合臂和催化环；

（2）酶-底物复合物为顺式结合，剪切反应为反式；

（3）以2价金属离子为辅基，镁离子的效率比较高；

（4）催化速度比自然反应速率快几个数量级，如以镁离子为辅基，"10～23" DNA 酶对 RNA 的剪切速率比未催化反应高 10^5 倍；

（5）催化速率具有底物序列依赖性；

（6）催化性 DNA 能够对任何序列的 RNA 进行剪切，"8～17" DNA 酶的剪切位点为 GA；"10～23" DNA 酶的剪切位点为嘌呤-嘧啶。

曾经对 "10～23" DNA 酶进一步实施分子进化工程，以优化序列，但未获得任何改进的结果。据此认为，"10～23" DNA 酶的催化超二级结构高度保守。

由于 "10～23" DNA 酶切割位点为嘌呤-嘧啶结合部位，任何基因的 AUG 起始密码子都可能作为攻击的目标。催化速度具有靶序列依赖性，这与 DNA 酶-底物异源双链热力学稳定性有关。稳定性最好的异源双链显示低自由能，具有最大的催化动力学活性。在多数情况下，通过增加臂长度可以弥补稳定性，直到自由能降到最低。此时，异源双链的稳定性得到优化，且酶的活性达到最佳。其他的影响稳定性的因素包括 DNA 组成中 GC 含量和特殊嘧啶含量。稳定性对酶催化效率的影响实际上是对 K_M 的影响。增加底物 RNA 结合域长度，酶的稳定性增加，K_M 降低，两者之间呈负相关性。然而，底物结合域长度太长会增加产物释放的难度，表现在 K_{cat} 降低。底物结合域长度范围在 4/4 和 13/13 之间，在生理条件下，当臂长度为 8～9 bp 时，K_{cat}/K_M 为最大。用不同长度的结合域进行实验，结果显示非对称臂长度能够促进 DNA 催化裂解。以 c-myc 翻译启动区为攻击底物，当 5′端/3′端的比例为 6 bp/10 bp 时，达到最大催化速率❶。

至今，还没有发现天然存在的催化性 DNA。人工合成的催化性 DNA 是潜在的生物传感器的分子识别元件。

2.4　生物学反应中的物理量变化

生物反应常常伴随一系列的物理量变化，如热熵、光、颜色、阻抗等，利用这些物理量变化能够设计一些精巧的传感装置。

2.4.1　生物反应的热力学

根据热力学第二定律，一个能自发进行的反应，总伴随有自由能（free

---

❶　方玉果. 新型双核大环多胺金属配合物的合成与 DNA 的性质研究 ［D］. 成都：四川大学，2007.

energy）的降低。自由能方程式为：

$$\Delta G = \Delta H - T \cdot \Delta S \qquad (2-19)$$

式中，ΔG、ΔH 和 ΔS 分别为自由能、热焓（enthalpy）和熵（entropy）的改变。自由能的变化为热焓变化与温度为 T 时熵能 $T \cdot \Delta S$ 的差值。一般来说，熵变很小，ΔG 与 ΔH 近似，系统为放热反应；当熵变很大，超过 ΔH 时，系统就必须从外界吸收热量使反应成为吸热反应。

任何生物学反应过程都伴随着热力学变化，如分子结构转换（相转换，phase transition）、分子间相互作用、生物催化反应等无一不发生内部或外部的热变化。

2.4.1.1 分子相转换中的热力学

生物分子（包括蛋白质、核酸、糖类和脂类等）是构成生物系统的主要组分。它们均具有特殊有序的三维结构，生物分子的三维结构不与生物分子的功能密切相关。维护这些三维结构的力主要是弱相互作用力（氢键、电解相互作用、van der Waals 相互作用、疏水相互作用）。以蛋白质为例，它们在形成过程中自动折叠成有功能的天然三维结构，也是在所处的环境中最稳定的结构。可以通过热力学方法测定蛋白质结构的稳定性。微量测热法在阐明蛋白质结构方面已经成为公认的方法。核酸（如 DNA）的单链与双链结构也是典型的热平衡现象。其他生化分子（如糖类和脂类分子）内的弱相互作用都与热有关。测量分子结构转变过程或前后的热信息，需要采用稀释溶液，以排除溶液内部分子之间的作用。此外，样品量要小于 1 mg。目前量热仪（calorimetry）对蛋白质和核酸样品量的需求为 1 mL，浓度小于 0.1%。可以直接测得热焓和热容变化，并通过函数计算得出自由能和熵的改变。日本学者已经建立了蛋白质和突变体的热力学数据库（ProTherm）。

2.4.1.2 分子间相互作用的热力学

分子结合有多种形式，以蛋白质为例，其结合形式包括蛋白质-DNA、蛋白质-配体、抗原-抗体、酶-底物、酶-抑制剂等。如前所述，分子结合力属于弱相互作用力，但这类识别具有高度的特异性。可以在恒温下通过等温线确定（isothermal titration）或流通式方法测定，并且可以在一次实验中测得一个分子上的多个结合位点。热焓的温度依赖性提供了结合位点的热容变化。这些基本的热力学定量数据不仅可以用来阐述特异性结合的特征和机制，还可以预测所检测的分子在不同条件下结合的特征。根据熵和热容的变化可以讨论蛋白质与其结合的配体的构象（conformation）和水合作用的改变。而热焓变化则直接与结合组分的相互作用有关，并关联结构信息。基于结构信息的热力学分析方法对药物设计、功能蛋白的设计和阐述结合机制有重要意义，也已经建立了蛋白质与核酸相互作用数据库（ProNIT）[1]。

2.4.1.3　酶催化反应热力学

酶促反应和微生物反应常常释放可观的热量，见表2-3，例如，酶促反应的产热量为 5～100 kJ/mol。

表2-3　酶促反应的摩尔焓变

酶	底物	$-\Delta H/kJ \cdot mol^{-1}$	酶	底物	$-\Delta H/kJ \cdot mol^{-1}$
过氧化氢酶	过氧化氢	100	NADH-脱氢酶	NADH	225
胆固醇氧化酶	胆固醇	53	青霉素酶	青霉素 G	67，115
葡萄糖氧化酶	葡萄糖	80	胰蛋白酶	苯甲酰-L-精氨酸	29
乙醇氧化酶	乙醇	180	尿酸氧化酶	尿酸	61
己糖激酶	葡萄糖	28，75	脲酶	尿素	49
乳酸脱氢酶	丙酮酸钠	62	—	—	—

2.4.1.4　微生物细胞反应的热力学

微生物细胞反应属于放热（exothermic）类型，活跃时大约为 pW（10^{-12} W）级[2]。如大肠杆菌浓度为 10^5～10^6 个/mL 时，最大产热量为 0.146 J/（s·mL）。放热反应变化反映微生物细胞的总的活性变化。通过测定放热反应与时间过程，可以研究药物、抑制剂等对细菌细胞活性的影响、微生物对各种底物的代谢能力、环境条件改变对微生物反应的影响等。

2.4.2　生物发光

生物发光（bioluminescence）是由于某些生物体内一些特殊物质（如荧光素）的氧化而产生的现象。会发光的生物有萤火虫、藻类、真菌、水母、虾和深海中的某些动物，如鱿鱼（squid）以及一些细菌。生物发光由荧光素酶（luciferase）所催化。最敏感的生物发光首推萤火虫的 ATP 依赖性发光反应。ATP 是生物体内的高能磷酸化合物，在虫荧光素酶（E）和镁离子的存在下，与还原荧光素（LH_2）和 ATP 结合形成荧光素酶-荧光素-单磷酸腺苷的复合物（E-LH_2-AMP）和焦磷酸盐（PP），该复合物与氧结合产生 562 nm 波长的光（h_2）、水和荧光素酶-脱氢荧光素-AMP（E-L-AMP）：

$$E + ATP + LH_2 \xrightleftharpoons{Mg^{2+}} E\text{-}LH_2\text{-}AMP + PPi \qquad (2\text{-}20)$$

---

[1] 吴艳. 基于活度模型的氨基酸溶液体系热力学性质和分子间相互作用研究 [D]. 长沙：湖南大学，2013.

[2] 吴堂清，周昭芬，王鑫铭，等. 微生物致裂的热力学和动力学分析 [J]. 中国腐蚀与防护学报，2019，39（3）：227-234.

$$E\text{-}LH_2\text{-}AMP + O_2 \longrightarrow E\text{-}L\text{-}AMP + H_2O + h_2 \tag{2-21}$$

在反应过程中，放出的光量取决于 E、LH_2、O_2 和 ATP 浓度，当所有其他反应物过量时，发出的总光量和最大光强度与 ATP 的量成正比，最大光强度可在 1 min 达到，总的发光效率用每个分子反应产生的光子数（量子产率）表示，可达 0.88。

发光细菌主要分布在海洋中（如明亮发光杆菌，Photobacterium phosphoreum）。细菌荧光素酶（E）在体内含量可达 5% 之多，但菌体内没有荧光素，发光物质是荧光素酶、还原型黄素蛋白（FMNH）和长链脂肪醛。市售荧光素酶要在含 FMN-NADH 和癸醛的系统中反应发光：

$$NADH + FMN + 氧化还原酶 \longrightarrow FMNH_2 + NAD \tag{2-22}$$

$$FMNH_2 + E + O_2 \longrightarrow FMNH(OOH)\text{-}E \tag{2-23}$$

$$FMNH(OOH)\text{-}E + RCHO \longrightarrow FMN + R\text{—}CO_2H + E + H_2O + h\nu \tag{2-24}$$

细菌发光强度很大，从 1 mL 菌悬液中测到的辐射能量为 7.5×10^{-7} J/s，通常为蓝绿光（图 2-12），波长大约 480 nm。当发光细菌缺氧时，停止发射光，在重新接触空气时，出现明亮的闪光，其强度取决于积累的还原型 FMN 的量。细菌荧光素酶的基因（*lux*）已经分离并广泛用作生物报告（bioreporter）。最大发射波长为 490 nm。已经至少发现 3 种不同最适温度的细菌荧光素酶，其功能温度分别为低于 30 ℃、低于 37 ℃ 和低于 45 ℃。

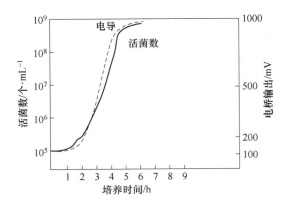

图 2-12　阻抗变化与细菌生长的比较

2.4.3　颜色反应和光吸收

生物反应中的颜色变化包括生物体内产生色素和生物体或酶与底物作用后产生颜色物质两个方面。

　　自然界最常见的色素是叶绿素，此外还有类胡萝卜素和其他杂色素。各种色素是由不同的生物合成途径产生的，每一种途径都包含若干生物化学反应，每一种反应都是由特殊的酶催化的。

　　底物的颜色反应范围十分广泛，如辣根过氧化物酶（horseradish peroxidase，HRP）能够氧化多种多元酚或芳香族胺，形成有颜色的产物，如邻甲氧基苯酚被氧化生成橙色的沉淀、联苯二胺则被氧化成黄褐色的产物等。在微生物培养中，亚甲蓝能作为氢的受体，被微生物还原的无色形式。三苯基四唑作为氧受体时，氧化型是无色，还原型为红色等。

　　颜色是因为分子中存在发色基团，这些基团对一定波长的光有吸收作用。主要的发色基团与吸收峰见表2-4。

表2-4　主要发色基团的吸收峰

基　团	吸收峰波长/nm	基　团	吸收峰波长/nm
乙烯基	175	亚硝酸基	230
乙炔基	160	腈基	210
羰基	180，208，320	硫酮基	330
硝基	270	亚硝基	300
硝酸基	270	—	—

　　一些重要的生物分子尽管不显示颜色，却有其特征吸收峰，如蛋白质的吸收峰为280 nm，核酸的吸收峰为260 nm。多数生物分子在可见光区的消光系数微不足道，但一旦与某些别的试剂定量的反应而生成有色产物，便能在可见光区获得特征吸收峰，见表2-5。

表2-5　几种物质的显色反应及吸收波长

物　质	显　色　试　剂	吸收波长/nm
氨基酸	茚三酮	570,620
蛋白质	Folin，双缩脲	660,540
还原糖	二硝基水杨酸盐，碱性酒石酸盐	540
类固醇	乙酸酐，硫酸，三氯甲烷	625
核糖核酸	Biol 试剂	625

2.4.4　抗阻变化

　　微生物反应可使培养基中的电惰性物质（如碳水化合物、类脂和蛋白质等）代谢为电活性产物（如乳酸盐、乙酸盐、碳酸盐和氨等代谢物）。当微生物生长和代谢旺盛时，培养基中生成的电活性分子和离子增多，使培养液的导电性增大，阻抗降低；反之，则阻抗升高。图2-12表明阻抗变化与细菌生长（或代谢活性）有函数关系，据此可能设计阻抗生物传感器。早在 20 世纪 70 年代，就有人用这种方法检测土壤溶液中微生物代谢动力学变化，并提出用这种方法探测地球外部的生命物质❶。

2.5 生物敏感元件的固定化技术

2.5.1 LB 膜技术

生物传感器的响应速度和响应活性是一对相互影响的因素。以酶传感器为例，一般情况下，随固定的酶量增大，响应活性相应增高。但酶量大会使膜的厚度增加，造成响应速度减慢。近年来盛行研究用于活体测定的微型传感器，其直径在微米级，生物膜的制作技术也必须与之相适应。于是有些学者将注意力转向 Langmuir-Blodgett（LB）膜技术。

LB 膜基本原理是，许多生物分子（如脂质分子和一些蛋白质分子）在洁净的水表面展开后能形成水不溶性液态单分子膜，小心压缩表面积使液态膜逐渐过渡到成为一个分子厚度的拟固态膜（图 2-13），这种膜以技术的发明者命名，称为 LB 膜。

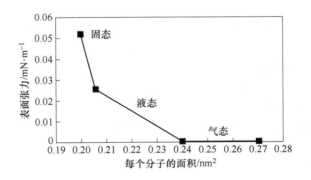

图 2-13　压缩表面积使脂肪酸盐液态膜向固态膜转变

LB 膜实验对液体的纯度、pH 值和温度有很高的要求。液相通常是纯水，操作压力通过压力传感器和计算机反馈系统调整。

一旦制备好单分子膜，可以将膜转移到预备好的基片上去。转移过程通过马达微米螺旋系统进行操作，使基片在单分子膜与界面作起落运动。当基片第一次插入并抽出时就有一层单分子膜沉积在基片表面。若要沉积三层单分子膜，就需

---

❶ 张爱萍，吴丹，侯式娟，等. 阻抗微生物检测过程中的等效电路模型及各阻抗参数变化 [J]. 中国食品学报，2011，11（2）：185-191.

作第二次起落运动（图 2-14），部分单分子膜被移出膜槽所引起的槽内压强变化由压力传感器和反馈装置进行自动压力补偿。

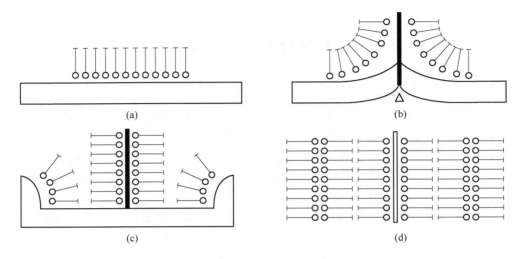

图 2-14　典型 LB 膜的沉积过程

（a）表面的单分子膜；（b）第一次抽出基片；（c）第二次插入基片；（d）第二次抽出基片

　　利用 LB 膜技术制作酶膜主要有两个优点：一是酶膜可以制得很薄（数纳米），厚度和层数可以精确控制；二是可以获得高密度酶分子膜。由此可能协调响应速度和响应活性这对矛盾。

　　需要解决的一个特殊问题是，酶分子多为水溶性，难以在水相中成膜，可能要设计更复杂的膜结构。如先将双功能试剂把酶分子轻度交联，使其能在水面悬浮展开，再施加压力形成单分子膜，或者借助脂质分子的双极性在脂质单分子层上嵌入酶蛋白分子膜来制备 LB 酶膜。Tsuzuki 等采用 LB 技术首次制成 GOD 电极，基本步骤如下：

　　（1）使两性化合物在水相上形成单分子膜；

　　（2）用三甲基氯盐配制的 10% 的甲苯溶液处理 SnO_2 电极，使其疏水化；

　　（3）在 20 mN/m^2 的表面压力下用垂直提升法使单分子膜沉积在 SnO_2 电极表面；

　　（4）2.5% 戊二醛处理单分子膜 1 h，使外层引入甲酰基团；

　　（5）表面甲酰基团与 GOD 溶液反应 1 h，形成单分子 GOD 膜。

2.5.2　光平版印刷技术

　　光平版印刷术（light lithographic）简称光刻（photoetching），利用照相原理与化学腐蚀相结合，在工件表面制取精密、细微和复杂薄层图形，广泛用于印刷电路和集成电路的制造以及印刷制版等过程。在引入半导体传感器以后，光刻也很快用于生物传感器膜的制作。光刻的基本原理是：利用光刻胶（photoresist）感光后，因光化学反应而固化的特点将掩模板（mask）上的图形刻制到被加工表面上。光刻胶是一类对光敏感的高分子溶液，由感光树脂、增感剂和溶剂组成。光刻胶经过光照射以后，其理化性质（特别是溶解性和亲和性）发生明显变化，经适当溶剂处理，溶去可溶性部分，得到所需要的图像。根据光化学反应的特点一般可以分为正性和负性两大类。光照射后形成不可溶物质的是负性胶，反之，本来对某些溶剂是不可溶的，经照射后变成可溶物质的称为正性胶。利用这种性能，将光刻胶作为涂层，就能在基片表面形成所需的图形。

在半导体生物传感器的研制中，可以利用光刻技术将酶膜精确地安装在芯片必须部位。其步骤为：

（1）将含有酶和PVA光刻胶溶液通过旋转铵膜法覆盖整个芯片表面制膜；

（2）用掩膜（mask）覆盖芯片；

（3）曝光启动聚合反应；

（4）把镀膜器件在丙酮溶液中经超声波处理除去未聚合部分（图2-15）。该方法适合于集成生物传感器的制作。

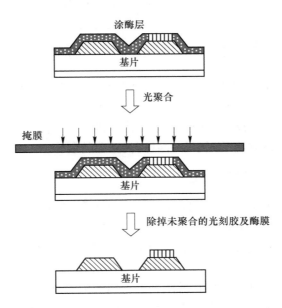

图2-15 光致敏酶膜定位沉积

掩膜法还可以用来制作工作电极和参照电极。如半导体生物传感器常常通过差分测量来对底物浓度定量，需要将一对传感器中的一只作为参比信号，参比传感器上的酶必须经过失活处理。紫外线能使生物大分子变性，但紫外线透过物质的能力很差，采用遮掩法可以有目的地使部分酶膜失活。

　　在一个芯片的两个极上涂有活性均一的酶膜，盖上掩膜，保护需要保留酶活性的部位，在紫外线光照下，其余部位的酶活均被杀灭，如图 2-16 所示。

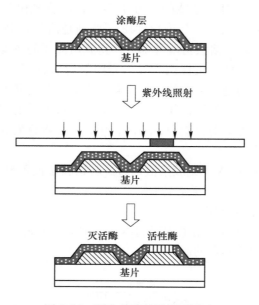

图 2-16　固定化酶的局部灭活法

　　墨喷射（ink jet nozzle）即芯片在计算机的操作下在喷口与戊二醛蒸气室之间作往复运动，每抵达喷口时，酶-BSA 溶液便滴注到芯片的必须成膜部位，然后在戊二醛蒸气中轻度反应。如此重复数次，再将整个器件浸入戊二醛溶液，使交联进一步巩固。该方法适用于各种微型传感器的制作。

2.5.3　固定化生物活性材料的性质

　　生物材料经水不溶性载体固定化以后，性质会发生一些变化。以酶分子为例，变化的原因包括如下几项。

　　（1）载体与环境物质之间的静电作用和疏水作用使得酶周围环境中反应物质或氢离子非均匀分布。

　　（2）增加了底物和产物的扩散限制，它们的传质速率也发生变化。

　　（3）酶分子构型发生变化，与之结合的载体对酶活动有一定空间障碍。这些因素可影响酶的活性、动力学和稳定性，甚至酶的特异性。

2.5.3.1　固定化酶的稳定性

　　关于酶的稳定性有 3 种描述：在低温和常温条件下长期保存的稳定性；在较高温度条件下的稳定性；固定化酶长期工作的稳定性。这 3 个方面通常都会因固定化作用而受到影响。载体的性质和酶在载体中的固定化形式起特殊作用。含有疏水基团的载体可能减少酶在保存过程中的自然失活；在一定条件下，由于静电作用，亲水性载体可能增加酶的稳定性或降低酶的稳定性；如果酶与载体结合后高级结构被稳定下来且酶的活性中心结构变化不大，酶的稳定性会增加。多数情况下，固定化仅使酶的保存稳定性增加，有时也可能增加酶的热稳定性。利用聚丙烯酰胺固定胰蛋白对稳定性调查的结果表明：在较高温度下，固定化酶与游离酶的活性有明显区别；在底物存在下持续较高温度处理以后冷却测定酶活，固定化酶比游离酶的稳定性高；在没有底物存在持续较高温度处理后冷却测定酶活，固定化酶比游离酶的稳定性低许多。外推法显示固定化酶比游离酶稳定性增加了1000倍。热稳定性与酶和载体的键合程度有关。底物或竞争性抑制剂的存在可以减少酶的活性中心与载体发生键合的机会，从而减少了活性中心的结构改变。固定化还可能增加酶对变性剂的抗性，主要是因为酶对变性剂的敏感部位因与载体结合而受到保护。

固定化对酶作用方式和专一性也有影响。参加反应组分的理化性质和酶与载体之间的相互关系可能影响酶与底物的相互作用。载体基质的孔径和底物的大小以及酶的固定化方式决定了底物扩散进入载体基质和抵达酶活性中心的可能性，因而在这种情况下，这些相互关联物质的亲合性受它们各自的化学属性的支配。可见，固定化定性或定量地改变了酶与底物相互作用的原有特性，反映在酶的K_M和反应速度的变化。酶的作用有时仅局限于部分底物分子，在极端的情况下，甚至连酶的专一性也会发生改变。

空间和扩散限制只发生在酶对大分子的作用。由于底物很难抵达酶活性部位，酶只能作用于底物的附属部分。如游离 α-淀粉酶能对 α-1,4-葡聚糖底物内部糖基连接进行随机切割，产生大量麦芽寡聚糖初级产物。而固定化 α-淀粉酶仅能作用于底物分子的外围部分，即淀粉的自发水解中间产物。结果使淀粉大分子的分解速率下降，在整个过程中，主要酶解产物变成了葡萄糖和低分子麦芽寡聚糖，而不是分子质量较高的麦芽寡聚糖。这时，可以认为，固定化 α-淀粉酶的专一性已经由内源多糖水解酶变成了外源多糖水解酶。

2.5.3.2 固定化酶的动力学常数

固定化载体上的静电场可能影响带电荷的底物在固相载体和外部溶液之间的分布。如果底物所携带的电荷与载体所带的电荷相反，底物就会在载体周围富集。反之，底物浓度就会在固定化酶的微环境中下降。通过实验数据确定固定化酶的表观米氏常数（$K_{M,app}$）与酶的原有米氏常数（K_M）有如下关系：

$$K_{M,app} = K_M P_{el} = K_M \exp^{zE\psi/(kT)} \tag{2-25}$$

式中，P_{el} 是静电作用产生的分割常数，即在固定化酶周围和外部溶液中底物浓度之比，可以表示为 $\exp^{zE\psi/(kT)}$；z 和 ψ 分别代表底物和载体所带的正电或负电电荷

（整数）；k 和 T 分别为 Boltzmann 常数和绝对温度。如果 z 和 ψ 符号相同（如底物和载体都带正电荷），意味着底物浓度在酶的周围下降，$K_{M,app} > K_M K_{M,app}$。反过来，如果 z 和 ψ 符号相反，固定化酶就能够在较低的底物浓度下达到最大催化速度。

底物扩散也是影响酶促反应的因素之一。这种影响源于两个方面：

（1）固相载体对底物扩散的阻碍作用，成为外部扩散限制（external diffusion limitation）；

（2）底物在载体内部扩散时因载体孔径大小不同遇到的阻碍作用，成为内部扩散限制（internal diffusion limitation）。

这些扩散限制作用会造成底物扩散速度与酶促反应速度出现差异，如果酶促反应速度大于底物扩散速度，固定化酶附近的底物被迅速耗尽，此时，底物扩散成为酶促反应速度的限制因子。在扩散限制条件下，实验测得的酶促反应速率 v' 与无限制作用下的酶促反应速率不一样，两者之比为效率因子（effectiveness factor）：

$$\eta = v'/v \tag{2-26}$$

v 服从米氏方程。用 v' 取代 v 以后，米氏方程改写为：

$$v' = \eta v [S_0]/(K_M + [S_0]) \tag{2-27}$$

其双倒数方程为：

$$1/v' = 1/(\eta \times v) + K_M/(\eta v [S_0]) \tag{2-28}$$

此时双倒数作图（lineweaver-Burk plot）不一定呈线性（图 2-17）。当酶促反应速率远低于底物扩散速率并且底物浓度足够大时（$[S_0] \gg K_M$），酶促反应呈一级动力学（v）。在此条件下，酶促反应不受底物扩散限制，如果没有其他条件限制，实验所测得的动力学参数为真实值。相反，如果在酶附近的底物浓度很低，即 $[S_0] \ll K_M$，酶促反应速率将受控于底物扩散的限制。双倒数图由动力学部

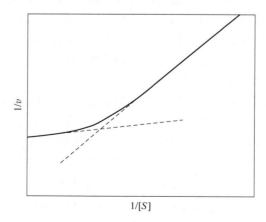

图 2-17　在扩散限制条件下的酶促反应速度与底物浓度的双倒数

分和扩散相部分组成。动力学部分代表高底物浓度区，通过它可以求得 v_m；扩散相部分为低底物浓度部分，非线性指示固定化酶内部扩散限制作用。在实验中，可以通过搅拌反应溶液或流通式测定技术来减少内部扩散限制效应。

一旦确定了微环境作用和扩散限制作用的影响，可以通过实验测得的 v_m 和 K_M 来求得固定化酶的真实动力学常数。增加离子强度和利用标记底物可以分别消除微环境作用中的静电效应和载体疏水作用导致的底物分布不均匀的影响。消除这两个影响因素后，实验测得的表观动力学常数与真实动力学常数相吻合。然而，如果存在扩散限制，固定化酶将不服从 Michaelis-Menten 动力学。此时，按 Lineweaver-Burk 方法双倒数作图只能在很窄的底物浓度范围内获得直线。该曲线不反映真实情况，没有理论意义。针对此现象，学者们提出一些解决方案。其中 Eadie-Hofstee 作图法比较有价值。该方法采用 v'/v_m 对 $v'/(v_m\beta)$ 作图（v' 为实验测得的酶促反应速率，$\beta = [S]/K_M$），能够实用于底物扩散限制条件，同时还能区分底物在载体内部和外部的扩散。当底物扩散限制被忽略或全部消除时，作图为直线；随着扩散限制的增加，在较大底物浓度范围内，曲线离开直线；载体内部扩散限制作用导致产生 S 形曲线，如图 2-18 所示。实验获得的 $K_{M,app}$ 定义为酶促反应速率达到最大反应速率一半时的底物浓度。当酶促反应不服从 Michaelis-Menten 动力学时，不应使用 $K_{M,app}$。在这种情况下，可以用动力学常数 K，K 与一级限制常数 v/K 相关。

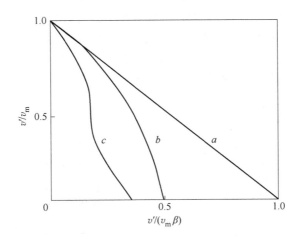

图 2-18 Eadie-Hofstee 作图法

a—无底物扩散限制作用；b—底物在外部溶液与载体之间扩散限制作用；

c—底物在载体内部扩散限制作用

3　生物传感器中的换能器

生物传感器（biosensor），是一种对生物物质敏感并将其浓度转换为电信号进行检测的仪器。本章则在生物传感器的基础上讲述了其中的换能器，其中包含电化学换能器、半导体器件、光化学换能器等内容。

3.1　电化学换能器

3.1.1　电化学换能器的组成和相关理论

3.1.1.1　电化学池与电动势

电化学换能器实际上是一个电化学池（电池或电解池）装置（图3-1），主要由电解池和电极构成。无论传感器的尺寸大小和传感机理如何，它的电化学换能器都是一个二电极或三电极的电池或电解池装置，电池和电解池的区别在于氧化还原反应的机理和交换能量的不同。在电化学池中，电荷在化学相界面之间的迁移过程和因素，即电极/电解质界面的性质以及施加电势和电流通过时该界面上所发生的情况是电化学换能器工作的关键。在电化学池中，电极上的电荷迁移是通过电子（或空穴）运动实现的，在电解液相中，电荷迁移是通过离子运动来进行的，所以电解质溶液必须有较低的电阻（足够高的导电性）。

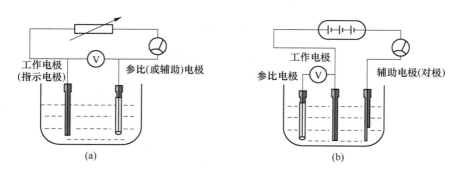

图3-1　电化学池装置示意图

（a）二电极系统；（b）三电极系统

在电化学池中，所发生的总化学反应是由两个独立的半反应构成的，它们描述两个电极上真实的化学变化。每一个半反应（电极附近体系的化学组成）与相应电极上的界面电势相对应。电池中的化学反应是自发进行的，其自由能 $\Delta G = -nFE < 0$。输出电能 E 称为电化学池的电动势，它是化学反应在电极对上产生的电势差。由能斯特方程（Nernst equation）可以计算电化学池的电动势，即

$$E = \varphi_+ - \varphi_- = \left(\varphi^{\ominus}_+ + \frac{RT}{nF}\ln \frac{a_{氧化态}}{a_{还原态}} \right) - \left(\varphi^{\ominus}_- + \frac{RT}{nF}\ln \frac{a_{氧化态}}{a_{还原态}} \right)$$

$$= \Delta\varphi^{\ominus} + \frac{RT}{nF}\ln \left(\frac{a_{氧化态}}{a_{还原态}} \right)_+ \left(\frac{a_{还原态}}{a_{氧化态}} \right)_- \tag{3-1}$$

式中，φ_+ 和 φ_- 为发生两个半电池反应的电极电势；$\varphi^{\ominus}_+$ 和 $\varphi^{\ominus}_-$ 为它们的标准电极电势；a 为参加反应的物质的活度。对于一个处在平衡状态（$\Delta G = 0$，$i = 0$）的电化学体系，通过测量电动势可以定量物质的活度；而非平衡状态（$\Delta G \neq 0$，$i \neq 0$）的电化学体系，物质的活度及其变化可以由电流的大小来测定。

3.1.1.2 界面电势

液体接界电势（扩散或浓差电势）：在两种不同离子的溶液或两种不同浓度的溶液接触界面上存在着微小的电势差，称为液体接界电势。它产生的条件是相互接触的两液间存在浓差梯度，由各种离子具有不同的迁移速率所引起。如图 3-2（a）所示，界面两侧 $HClO_4$ 的浓度不同，左侧的 H^+ 和 ClO_4^- 不断向右侧扩散，同时由于 H^+ 的迁移速率比 ClO_4^- 的大，最终界面右侧将分布过剩正电荷，左侧有相应的负电荷，形成液体接界电势。另外两种类型的液体接界电势如图 3-2（b）和图 3-2（c）所示，界面两侧的浓度相同，但由于 H^+ 的迁移速率比 Na^+ 的大，界面右侧将分布过剩正电荷，左侧有相应的负电荷，形成液体接界电势。静电场的建立使离子迁移速率改变，达到动态平衡，液体接界电势可以处于相对稳定的状态。

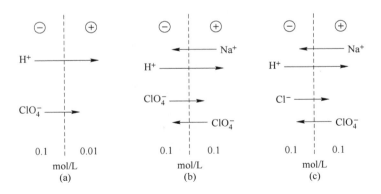

图 3-2 液体接界电势

固体电极与溶液的相间电势：将金属电极插入电解质溶液中，从外表看似乎不起什么变化，但实际上金属晶格上原子被水分子极化、吸引，最终有可能脱离

晶格以水合离子形式进入溶液。同样，溶液中金属离子也有被吸附到金属表面的，最终二者达到平衡。由于荷电粒子在界面间的净转移而产生了一定的界面电势差，如图 3-3 所示。该类电势主要产生于金属为基体的电极，它与金属本性、溶液性质和浓度等有关。

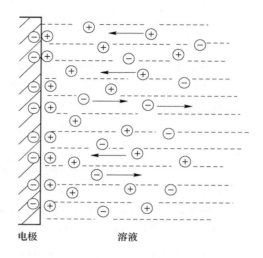

图 3-3　固体电极与溶液的相间电势

膜电极电势：一个选择性膜与两侧溶液相接触，膜两侧液相中的分子通过膜相发生交换反应，达到动态平衡后会在两个界面处形成液体接界电势，如图 3-4所示。

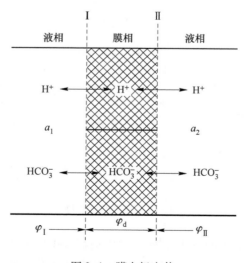

图 3-4　膜电极电势

因此膜电势可表达为：

$$\varphi_d = \varphi_{II} - \varphi_I = \frac{RT}{nF}\ln\left(\frac{a_2}{a_1}\right) \tag{3-2}$$

如果膜一侧（内部）溶液中物质的活度为定值，则膜电势是膜另一侧（外部）溶液中活性物质活度的响应值，即

$$\varphi_d = k + \frac{RT}{nF}\ln a_2 = k' + \frac{0.0592}{n}\lg a_2 \tag{3-3}$$

在电池中，电势较正的电极称为正极，电势较负的电极称为负极。电池放电时，电流从正极流向负极，电子从负极移向正极。电势型传感器中的电池并不是能源，而是测量电池。因此，电势型传感器一般通过测量指示电极与参比电极之间的电势差，输出符合能斯特方程的电信号。

3.1.1.3 法拉第电解定律

在电解池中，化学反应是被动进行的，其自由能 $\Delta G = -nFE > 0$，消耗电能，输出生物化学能。即在一定的电压下，电极对之间的电势差使电流通过电解池，电极表面的物质发生电子转移，生成新的产物。物质消耗电量与所生成产物的物质的量之间的关系遵循法拉第电解定律（Faraday's law of electrolysis），即通过 96485 C 的电量可以引起 1 mol 电子的反应（消耗 1 mol 的反应物或生成 1 mol 的产物）。法拉第电解定律阐明了电能和化学反应物质间相互作用的定量关系，是法拉第在 1833 年根据精密实验测量而提出的。

无论对于电极上的氧化反应 $M^{2+} + ze^- \rightarrow M$ (s) 还是还原反应 $X^{z-} - ze^- \rightarrow 1/2X_2$，都有

$$m = nM = \frac{Q}{zF}M = \frac{it}{zF}M \tag{3-4}$$

式中，$F = N_A e = 6.023 \times 10^{23} \times 1.602 \times 10^{-19} = 96485$ C/mol，称为法拉第常量，是 1 mol 电子所带电量的绝对值；电流 i 为电量 Q（或电子）流动的速度，1 A = 1 C/s；m、n 和 M 分别为反应物质的质量、物质的量和摩尔质量；z 为得失电子数。

法拉第定律的数学表达式阐明了上述法拉第电解定律的文字叙述。只要电极反应中没有副反应或次级反应，法拉第电解定律不受温度、压力、浓度等条件的限制，是最准确的科学定律之一。

对电化学池而言，人们常称发生氧化反应的电极为阳极（anode），发生还原反应的电极为阴极（cathode）。电子穿过界面从电极到溶液中一种物质上所产生的电流称为阴极电流（cathodic current），电子从溶液中物质注入电极所产生的电流称为阳极电流（anodic current）。在电解池中，阴极相对于阳极较负；在电池中，阴极相对于阳极较正。对于电流型换能器中工作电极上发生的反应，无论是氧化反应还是还原反应，都可以用法拉第电解定律表达。所以在电流型传感器中

一般采用三电极工作方式，在工作电势下，阳极电流或阴极电流都可作为响应电流，即

$$i \propto f(a) \tag{3-5}$$

另外，当电流作为电势的函数作图时，可得到电流-电势曲线（current-potential curve）。该曲线可提供相关物质和电极的性质，以及在界面上所发生反应的非常有用的信息。

3.1.2　电极、参比电极和辅助电极

3.1.2.1　工作电极

在电化学池中能反映物质活度（或浓度）、发生电化学反应或响应激发信号的电极称为工作电极。一般对于平衡体系或在测量期间主体浓度不发生可察觉变化的体系，相应的工作电极也称为指示电极，常用于电势型换能器中。如果在测量体系中有较大的电流通过，主体浓度发生显著改变，则称为工作电极，常用于电流型换能器中。指示电极一般用于有离子交换反应的敏感器件中，主要有离子选择性电极和覆盖有离子选择性膜的电子器件。工作电极一般用于有电子转移反应的敏感器件中，一般为金属电极和碳质固体电极，如贵金属电极、玻璃碳电极，或者以它们为基体电极的修饰电极。

3.1.2.2　参比电极

电化学池的电动势是两个电极的电势差。电势差是相对值，必须以一个电极的电势为标准，测量另一个与其组成测量电池的电极电势，或者用来控制电解池中工作电极的电势。用来提供电势标准的电极称为参比电极。参比电极在工作过程中其电势基本不发生变化，它应符合可逆性、重现性和稳定性好等条件。在一定温度下，参比电极的电势取决于内充液的活度［浓度，式（3-6）］，它们的关系见表3-1。常用的参比电极（图3-5）有甘汞电极、银-氯化银电极、硫酸亚汞电极。

$$\varphi = \varphi^{\ominus} - 0.0592 \lg a_{Cl^-} \tag{3-6}$$

表 3-1　参比电极的电极电势（25 ℃）

参 比 电 极	甘汞电极	标准甘汞电极（NCE）	饱和甘汞电极（SCE）	Ag-AgCl 电极	标准 Ag-AgCl 电极	饱和 Ag-AgCl 电极
KCl 浓度/mol · L^{-1}	0.01	1.0	饱和溶液	0.01	1.0	饱和溶液
电极电热/V	0.3365	0.2828	0.2438	0.2280	0.2223	0.2000

3.1.2.3　辅助电极

辅助电极是提供电子传导的场所，与工作电极组成电化学池，形成电子通

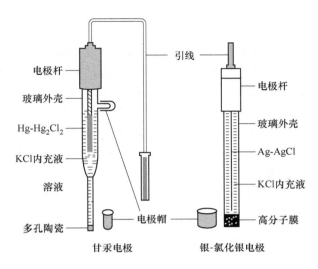

图 3-5　参比电极的构造

路，但电极反应不是所需的化学反应。当通过电化学池的电流很小时，一般由工作电极和参比电极组成测量电池。但是，当通过的电流很大时，参比电极将不能负荷，其电势不再稳定，或体系的 iR 降太大，难以克服。此时，可采用辅助电极构成三电极系统来测量或控制工作电极的电势。在不用参比电极的二电极系统中，与工作电极配对的电极常称为对电极，有时也把辅助电极称为对电极或简称对极。在电化学传感器中，辅助电极一般由不影响工作电极反应的惰性金属制成，如铂、金、不锈钢等。

3.1.3　固体电极

在电化学传感器中经常使用固体电极作为工作电极或修饰电极的基体电极，主要包括贵金属电极和碳质电极等惰性电极，偶尔也使用铜、镍等金属电极作为工作电极，很少直接使用无掺杂、无修饰的固体电极作为电化学传感器的换能器。惰性电极本身是非电化学活性的，一般很难独自给出与生化反应有关的有用信号。直接用无掺杂、无修饰的固体电极作为电流型传感器的换能器主要有两种方式，一种是基质在某种固体电极上具有电化学活性，能给出明显的电子转移信号，并且在其所在工作环境中具有相对好的选择性。

电化学传感器中的换能器主要由固体电极及其修饰电极承担，固体电极的质量对传感器的性能有很大影响。过去我国的传感器中大多使用进口电极，成本较高。近几年，由于材料和工艺的进步，国内企业已能生产与进口电极媲美的固体电极。

3.1.4　修饰电极

修饰电极也称化学修饰电极，是通过一些物理或化学的方法，在微观上对固体电极的表面进行分子设计，重塑电极表面的微观结构，使原来的电极具有某种特殊功能，成为新的换能器。例如，H_2O_2 在固体电极上的氧化还原电势很高（约 0.7 V），此时 H_2O_2/固体电极作为换能器会引起许多副反应；将二茂铁和过氧化物酶固化在固体电极表面后，涉及 H_2O_2 的反应就会在较低的电势（约 0.3 V）下进行，提高了传感器的选择性。修饰电极是 1975 年问世的，它突破了传统电化学中只限于研究裸电极/电解液界面的范围，开创了从化学状态上人为控制电极表面结构的领域。通过对电极表面的分子剪裁，可按意图给电极预定的功能，以便在其上有选择地进行所期望的反应，在分子水平上实现电极功能的设计。修饰电极常作为电流型化学与生物传感器的换能器，是当前电化学传感器、生物传感器等方面的研究热点。

3.1.5　pH 电极

pH 电极是一种具有离子识别功能的电极，是制备电势型化学与生物传感器的基本换能器，这一方面是由于 pH 电极灵敏度极高、稳定性好，另一方面是由于质子是多种化学和生物过程的参与者。离子选择性电极属于电势型换能器，信号取值于工作电极与参比电极之间的电势差，一般采用二电极工作方式。对于一个选择性膜电极，当其他外界条件固定时，膜电势与溶液中待测离子活度（或浓度）的对数值呈线性关系，即符合能斯特方程。离子选择性电极与参比电极组成一个测量电池，通过测量其电势差值测定目标物质的浓度。式（3-7）对于阳离子取正号，阴离子取负号。

膜电极│被测物质活度(a_x)│参比电极

$$E = \varphi_{参比} \pm \varphi_{膜} = E' \pm \frac{0.0592}{n}\lg a_x \qquad (3-7)$$

化学与生物传感器中常涉及 NH_3 和 CO_2 的测量，而 NH_3 和 CO_3 都是能引起 pH 值变化的物质，所以 pH 电极可以作为电势型 NH_3 或 CO_2 传感器的换能器。

3.2　半导体器件

3.2.1　导体与半导体

某物质的原子的价电子较少，外电子层不饱满或运动速率很低，存在电子空位，在电场的作用下外来的电子进入电子空位，自由电子在电子空位间定向移动，形成电流，该物质即可称为导体，如金属材料。离子化合物在熔融状态或溶解于溶剂后会发生电离，产生大量的自由离子，在外加电场的作用下产生定向运动而导电，称为离子导电。在这种状态下的离子化合物也可称为导体，但习惯上称为电解质。

半导体（semiconductor）是电导率介于金属和绝缘体（insulator）之间的固体材料。半导体在室温时电导率为 $10^{-8} \sim 1 \times 10^{6}$ S/m。没有掺杂且无晶格缺陷的纯净半导体称为本征半导体，纯净的半导体温度升高时电导率按指数上升。半导体材料的种类如下：

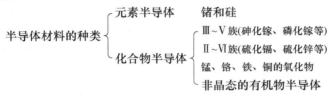

在半导体中，承担导电任务的是其结构中的空穴和电子。图 3-6（b）是半导体材料硅的晶体结构示意图，正电位点表示硅原子，负电位点表示围绕在硅原子旁边的 4 个电子。当硅晶体中掺入其他杂质，如掺入硼［图 3-6（a）］时，硅晶体中就会存在一个空穴，因为暗色硼原子周围只有 3 个电子，所以就会产生图中所示的空穴，这个空穴因为没有电子而变得很不稳定，容易吸收电子而中和，形成 P（positive）型半导体。而掺入条状位点的磷原子后［图 3-6（c）］，因为磷原子有 5 个电子，所以就会有一个电子变得非常活跃，产生的多余电子形成 N（negative）型半导体。当 P 型和 N 型半导体结合在一起时，两种半导体的界面区域内会形成一个特殊的薄层，P 型一侧带负电，N 型一侧带正电。这是由于 P 型多空穴，N 型多自由电子，出现了浓度差。N 区的电子会扩散到 P 区，P 区的空穴会扩散到 N 区，形成一个由 N 指向 P 的"内电场"，扩散达到平衡后，就形成了电势差（P-N 结），从而产生电流。半导体依靠电子和空穴导电，在单位体积内半导体中电子和空穴的数目少于金属中自由电子的数目，所以半导体的导电性比金属差。

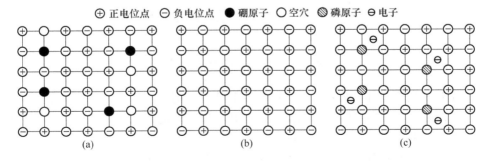

图 3-6 半导体的导电原理

3.2.2 半导体器件的性质

半导体的电导率介于导体和绝缘体之间，且随温度的升高而增大，随温度的下降而减小。当半导体中存在一些杂质时，这些杂质不仅能影响其导电情况，而且决定导电的类型。杂质能提供导带电子（电子导电）的半导体称为 N 型半导体；能提供价带空穴（空穴导电）的称为 P 型半导体。半导体本身存在表面能级，当与其他物质（如金属）接触后，如图 3-7 所示，在半导体表面产生空间电荷层，使能级发生弯曲。与表面能级一样，对气体分子的吸附使半导体具有吸附能级，若吸附能级位于半导体的费米能级 E_F 之上为 E_C 时，电子从被吸附的分子向半导体迁移，被吸附的分子带有正电荷；若吸附能级位于半导体的费米能级 E_F 之下为 E_V 时，电子从半导体向被吸附的分子迁移，被吸附的分子带有负电荷。结果，在半导体表面就会形成双电层。对于 N 型半导体，吸附了负电荷，会引起空间电荷层内导电电子的减少，产生电子亏损层，半导体的阻抗增大，电导率下降；吸附了正电荷，会引起空间电荷层内导电电子的增加，产生电子蓄积层，半导体的阻抗减小，电导率增大。半导体的电导率 σ 与半导体的电子浓度 n 和空穴浓度 p 有关，也与电子的迁移率 μ_- 和空穴的迁移率 μ_+ 有关，一般可表示为

$$\sigma = ne\mu_- + pe\mu_+ \tag{3-8}$$

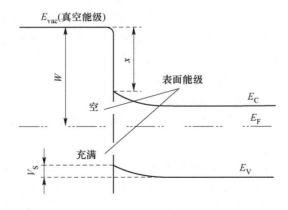

图 3-7　半导体的表面能级图

对于 N 型半导体，$n \gg p$，对于 P 型半导体，则 $p \gg n$。半导体的电导率还与温度有关，所以半导体型传感器在通电几分钟后才能开始正常工作，因为敏感器件达到工作温度需要一定的时间。

由于半导体材料的导电性对外界条件（如热、光、电、磁、某些微量杂质等因素）的变化非常敏感，据此可以制造各种敏感元件，用于信息转换。半导体器

件常用于气体传感器的换能器，并要求其敏感物质具有很好的物理和化学稳定性。从对气体的吸附来考虑，对氢气、一氧化碳、烷烃等具有给电子性质的还原性气体来说，N 型半导体优于 P 型半导体。反过来，对于氧气等氧化性气体，则P 型半导体的吸附能力强于 N 型半导体。通常供电型的分子会吸附正电荷，吸电型的分子会吸附负电荷。然而，被吸附的分子与半导体表面的相互作用不可能仅仅是吸附这样简单，其相互作用必然要反映它们各自的化学性质，正因为如此才能利用各种半导体器件制备不同的气体传感器。

3.3 光化学换能器

3.3.1 光化学换能器的类型与原理

光度型换能器是最初和最基本的光化学换能器。它通过吸光、荧光、光淬灭等将感受器的化学变化转变成可解读的光信号，通过光学器件、光纤传导光信号，最后通过光电管或半导体光敏器件检测光信号。最初的光度型换能器是将涂有敏感膜的玻璃置于光度计的光路中组成的。严格地说这种装置很难称为光化学传感器，但它成就了光化学传感器的雏形。光纤和半导体光敏器件的使用使光度型换能器实现了小型化和集约化，图 3-8 即为四种光度型换能器的结构示意图：图 3-8（a）为最简单的一种，由敏感膜、聚焦棱镜和光路组成，入射光经敏感膜吸收后给出光信号；图 3-8（b）是将敏感膜直接制备在光纤中，将敏感膜与换能器合为一体；图 3-8（c）为一种利用荧光检测的换能器，当入射光（单色光或激光）经光纤照射到敏感膜上后，敏感膜与试样作用产生的荧光信号可经另一分路的光纤输出；图 3-8（d）是用于流动系统的发光检测换能器，流动相中的试样与敏感膜作用后产生的发光信号可被光纤捕捉。某些光度型换能器由于利用光纤捕捉和传导光信号，因此也称为光纤换能器。它有两种基本类型，即单独型和分路型，单独型是以对置的监测模式把光从发射器送到独立的接收器［图 3-8（b）］；分路型使用一半光纤传送光，用另一半光纤接收光，如图 3-8（c）所示。

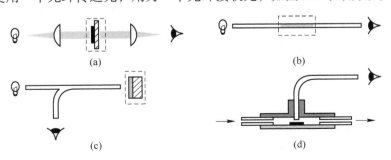

图 3-8 光度型换能器的构造

光化学换能器的换能原理一般基于传统的光化学定律，即

光吸收： $$A = \varepsilon lc \tag{3-9}$$

荧光： $$I = I_0 \varepsilon lc \ln 10 \tag{3-10}$$

荧光淬灭： $$I_0/I_c = 1 + k_{sv} c \tag{3-11}$$

光反射： $$F_r = \varepsilon c/\theta \tag{3-12}$$

式中，A 为吸光度；ε 为摩尔吸光系数；c 为浓度；l 为光程；I_0 为入射光强度；I 为发射光强度；I_0 和 I_c 分别为荧光基质在淬灭物浓度为 0 和 c 时的荧光强度；k_{sv} 为斯特恩-沃尔默（Stern-Volmer）常数；F_r 为延迟函数；θ 为散射系数。

另一种波导（waveguide）型换能器是以玻璃或光纤制成的波导层或波导管为基体，根据光束经波导层或波导管外表面敏感层的数次反射后衰减的"消失波"现象而设计的一种光换能器。图 3-9 为光纤波导型换能器的示意图，当试液与敏感膜未接触时，由于全反射（$\delta > \delta_c$），光束在光纤内可无衰减的传导；当光束照射到与试液作用的敏感膜时，因为敏感膜表面的折射率大于光纤包层的折射率，所以 δ 变大，产生消失波。由于消失波的存在，光纤内的全反射光将出现一个位移 D，若反射角 δ 接近临界角（$n_1 > n_2$），则有

$$D = dp\cos\delta \tag{3-13}$$

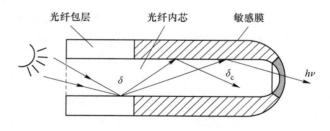

图3-9 光纤波导型换能器

光渗入第二介质 n_2 的深度 dp 定义为光的电场强度降至原强度的距离，即

$$E = E_0^{Z/dp} \tag{3-14}$$

式中，E 为电场在深度 Z 时的振幅；dp 取决于光的波长和两种介质的折射率，即

$$dp = \lambda/2\pi n_1 [\sin^2\delta - (n_2/n_1)^2]^{1/2} \tag{3-15}$$

由于消失波的存在，引起了吸光度 A 的降低，从而可根据 ΔA 值检测试液中待测物的浓度。

3.3.2 光电器件

光电器件属于物理传感器中的光学传感器，是发展较早和较成熟的一类物理传感器。它的传感原理是基于光的传导和光电效应。三种光电效应（外光电效应、内光电效应和光生伏特效应）造就了光电管和光电倍增管（PMT）、光敏电

阻和光敏晶体管、光电池和电荷耦合器件图像传感器等光电器件，它们在光化学传感器中承担光电转换的任务。目前新型的光电元器件不仅能测量一维量，而且能够测量二维量乃至三维量，直接获得图形符号，为化学与生物传感器的光学换能器提供了众多的选择。

光电管和光电倍增管是电子管型的光电转换器件，常用于分光光度计或原子吸收分光光度计的光电转换中。由于光电倍增管的光电转换效率远高于光电管，所以在弱光的光电转换中常使用光电倍增管，如荧光和发光光度计。光电倍增管是一种具有极高灵敏度和超快响应时间的光电器件。典型的光电倍增管如图3-10所示，在透明真空壳体内排列组装着光电阴极、聚焦电极、电子倍增极和电子收集极（阳极）。光电倍增管是根据光电子发射、二次电子发射和电子光学的原理制成的。光阴极在光子作用下发射电子，这些电子被外电场（或磁场）加速，聚焦于第一次极。这些冲击次极的电子能使次极释放更多的电子，它们再被聚焦在第二次极。这样经十次以上的倍增，放大倍数可达到1000左右，最后在高电位的阳极收集到放大了的光电流。由于光电倍增管增益高和噪声较低，它的输出电流和入射光子数成正比，所以被广泛用于紫外、可见和近红外区的辐射能量的光电检测器中。

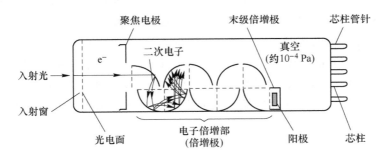

图 3-10　光电倍增管的内部结构示意图

电荷耦合器件图像传感器是由一种高感光度的半导体材料制成，能把光子转变成电荷，通过模拟/数字转换芯片转换成数字信号，数字信号经过压缩以后由闪速存储器或硬盘卡保存，因而可以轻而易举地把数据传输给计算机，并可借助于计算机的数据处理技术优化图像。CCD由许多感光单位组成，通常以百万像素为单位。当CCD表面受到光线照射时，每个感光单位会将电荷反映在组件上，所有的感光单位所产生的信号加在一起，就构成了一幅完整的画面。CCD由三层组成：第一层微镜头；第二层滤色片；第三层感光元件。CCD的每一个感光元件由一个光电二极管和控制相邻电荷的存储单元组成，光电二极管捕捉光子并将其转化成电子，收集到的光线越强产生的电子数量就越多，电子信号越强，当然就越容易被记录而不容易丢失，图像细节就更丰富。

3.3.3　光导纤维

光导纤维（光纤）作为远距离传输光波信号的媒质已广泛应用于光通信系统中。光在光纤内的传输过程中受外界环境因素的影响（如温度、压力和机械扰动等环境条件的变化），将引起光波量（如光强度、相位、频率、偏振态等）变化。因此人们发现如果能测出光波量的变化，就可以知道导致这些光波量变化的物理量的大小，于是出现了光纤传感技术。光纤传感器与传统的各类传感器相比有一系列独特的优点，主要有：灵敏度高、抗电磁干扰、耐腐蚀、电绝缘性好、防爆、光路有可挠曲性，以及便于与光电器件连接，便于与光纤传输系统组成遥测网络等；还有结构简单、体积小、质量轻、耗电少等优点。目前已有性能不同的测量温度、压力、位移、速度、加速度、液面、流量、振动、水声、电流、电场、磁场、电压、杂质含量、液体浓度、核辐射等各种物理量和化学量的光纤传感器在使用。特别是对被测介质影响小的特点，对于在生态环境和生物化学领域的应用极为有利。在生化领域，光纤是目前使用最多的光传导器件和光学换能器。

光纤是传导光的纤维波导或光导纤维的简称。其典型结构是多层同轴圆柱体，如图 3-11 所示，自内向外为纤芯、包层和涂覆层。核心部分是纤芯和包层，其中纤芯由高度透明的材料制成，是光波的主要传输通道；包层的折射率略小于纤芯，使光的传输性能相对稳定。纤芯粗细、纤芯材料和包层材料的折射率对光纤的特性起决定性影响。涂覆层包括一次涂覆、缓冲层和二次涂覆，起保护光纤不受水汽侵蚀和机械擦伤的作用，同时增加光纤的柔韧性，延长光纤寿命。

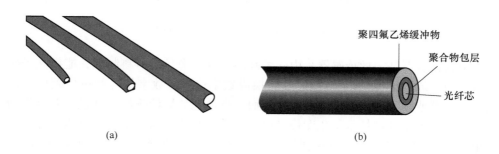

聚四氟乙烯缓冲物

聚合物包层

光纤芯

（a）　　　　　　　　　　　　　　　（b）

图 3-11　光纤

（a）内部结构；（b）示意图

根据折射率在横截面上的分布形状划分，光纤分阶跃型和渐变型（梯度型）两种。阶跃型光纤在纤芯和包层交界处的折射率呈阶梯形突变，纤芯的折射率 n_1

和包层的折射率 n_2 是均匀常数。渐变型光纤纤芯的折射率 n_1 随着半径的增加而按一定规律（如平方律、双正割曲线等）逐渐减少，到纤芯与包层交界处为包层折射率 n_2，纤芯的折射率不是均匀常数。根据光纤中传输模式的多少，可分为单模光纤和多模光纤两类。单模光纤只传输一种模式，纤芯直径较细，通常为 $4 \sim 10\ \mu m$。而多模光纤可传输多种模式，纤芯直径较粗，典型尺寸约为 $50\ \mu m$。按制造光纤所使用的材料分，有石英系列、塑料包层石英纤芯、多组分玻璃纤维、全塑光纤等四种。光通信中主要用石英光纤，而光化学传感器所用的光传导器件和光学换能器则根据光传输距离、光传输损耗、修饰情况和使用方便等来选择。

光纤的直径虽然较细，但相对于光的波长，其几何尺寸要大得多，因此从射线光学理论的观点出发研究光纤中的光射线，可以直观认识光在光纤中的传播机理和一些必要的概念。射线光学的基本关系式是有关其反射和折射的菲涅耳（Fresnel）定律。首先，光在分层介质中的传播如图 3-12 所示，图中介质 1 的折射率为 n_1，介质 2 的折射率为 n_2，设 $n_1 > n_2$。当光线以较小的角度 δ_1 入射到介质界面时，部分光进入介质 2 并产生折射，部分光被反射，它们之间的相对强度取决于两种介质的折射率。由菲涅耳定律可知 $\delta_1 = \delta_3$，则

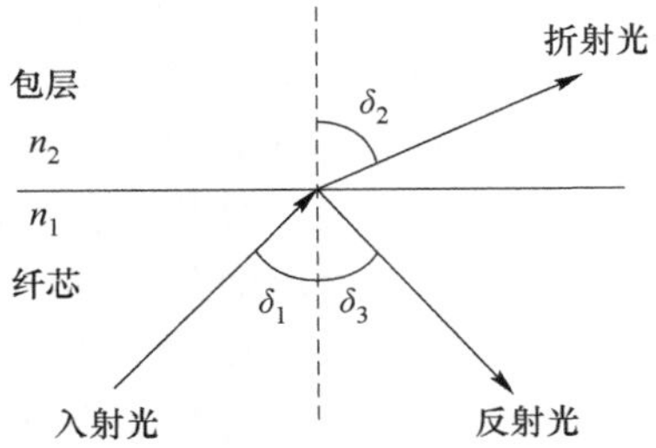

图 3-12　光在分层介质中的传播

$$\sin(\delta_1/\delta_2) = n_2/n_1 \tag{3-16}$$

当 $n_1 > n_2$ 时，δ_1 逐渐增大，进入介质 2 的折射光线进一步趋向界面，直到 δ_2 趋于 $90°$。此时，进入介质 2 的光强显著减小并趋于零，而反射光强接近于入射光强。当 $\delta_2 = 90°$ 的极限值时，相应的 δ_1 定义为临界角 δ_c。因为 $\sin 90° = 1$，所以临界角 $\delta_c = \arcsin(n_2/n_1)$。当 $\delta_1 \geqslant \delta_c$ 时，入射光线将产生全反射。应当注意，只有当光线从折射率大的介质进入折射率小的介质，即 $n_1 > n_2$ 时，才能在界面上产生全反射。所以光在光纤中的传播是由于光在纤芯与包层界面的全反射而进行的，如图 3-13 所示。

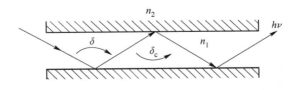

图 3-13　光在光纤中的传播

3.4　其他换能器

3.4.1　热敏电阻

在众多的热敏元件中，热敏电阻是一种十分有效的温度传感器。热敏电阻是由铁、镍、锰、钴、钛等金属氧化物半导体制备的。从外形上分类有珠型、片型、棒型、厚膜型、薄膜型与触点型等。凡有生物反应的地方，大多可观察到放热或吸热反应的热量变化（焓变化）。热敏电阻化学或生物传感器就是以测定生化反应焓（enthalpy）变化作为测定基础。若测量系统是一个绝热系统，以热敏电阻作为换能器，可根据对系统温度变化的测量，实现试样中待测成分的测定。作为温度传感器的热敏电阻具有以下几个特点：

（1）灵敏度高，温度系数为 $-4.5\%/K$，灵敏度约为金属的 10 倍；

（2）因体积很小，故热容量小、响应速度快；

（3）稳定性好，使用方便，价格便宜。

热敏电阻的外形如图 3-14 所示，由于制造厂家不同，在外表上多少有些差别，在室温条件下电阻值为 $10\sim100$ kΩ。温度变化可用带有载波放大器的惠斯登电桥来测量。如果用 Danielsson 等创造的电桥，记录纸满刻度为 100 mV，温度测量的灵敏度可达到 1.0×10^{-3} K。例如，酶反应焓变化量为 $5\sim100$ kJ/mol 时，采用中等温度测量，灵敏度为 1.0×10^{-2} K，可测量低至 5×10^{-4} mol/L 的底物浓度。

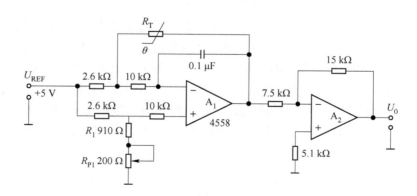

图 3-14　热敏电阻的工作电路

在热敏电阻工作电路中，输出电压的灵敏度为 $+10$ mV/℃，温度测量范围为 $-50\sim150$ ℃。当电桥加上 $+5$ V 基准电压 U_{REF} 时，热敏电阻 R_T 中就会有恒定的电流流过。当 $R_T=R_1+R_{P1}$ 时，电桥平衡，调节 R_{P1} 使环境温度为 0 ℃时，输出电压等于零。温度升高时，R_T 的阻值增大，产生负电压，A₁ 输出 − 5 mV/℃ 的电压，再通过 A₂ 放大器，输出 + 10 mV/℃ 的电压。

因为对于许多生物体反应都可观察到放热或吸热的热量变化（熔变化），所以酶热敏电阻生物传感器测量对象范围广泛，适用的分子识别元件包括酶、抗原、抗体、细胞器、微生物、动物细胞、植物细胞、组织等。在检测时，由于识别元件的催化作用或因构造和物性变化引起熔变化，可借助热敏电阻把其变换为电信号输出。现已在医疗、发酵、食品、环境、分析测量等很多方面得到应用，如在发酵生化生产过程中测定青霉素、头孢菌素、酒精、糖类和苦杏仁等。

3.4.2 场效应晶体管

场效应晶体管（field effect transistor），缩写为 FET。一般的晶体管是由两种极性的载流子，即多数载流子和反极性的少数载流子参与导电，因此称为双极型晶体管。而 FET 仅是由多数载流子参与导电，它与双极型相反，称为单极型晶体管。由于 FET 的特性与双极型晶体管完全不同，能构成技术性能非常好的电路。

场效应晶体管是一种半导体换能器，包括金属-绝缘体-半导体场效应管（MISFET）和金属-氧化物-半导体场效应管（MOSFET），而 MOSFET 又分为 n 沟耗尽型和 p 沟耗尽型。场效应晶体管具有以下特点：

（1）场效应晶体管是电压控制元件，允许从信号源获取较少电流的情况下传导信号；

（2）场效应晶体管是单极型器件，容易控制；

（3）场效应晶体管的源极和漏极有时可以互换使用，栅压也可正可负，灵活性好；

（4）作为换能器，场效应晶体管的灵敏度高，响应速度快，易与外接电路匹配，使用方便；

（5）场效应晶体管能在很小电流和很低电压的条件下工作，而且它的制造工艺可以很方便地把很多场效应管集成在一块硅片上，容易实现传感器的小型化和阵列化。

MOSFET 的结构如图 3-15 所示，在半导体硅上有一层 SiO_2，其上为栅绝缘层 Si_3N_4，绝缘层上为金属栅极（G），构成金属氧化物半导体（MOS）组合层，它具有高阻抗转换特性，如在源极（S）和漏极（D）之间施加电压，电子便从源极流向漏极，即有电流通过沟道，所测电流称为漏电流（i_d）。i_d 的大小受栅极与源极间电压（U_g）的控制，并为栅极和漏极间电压（U_d）的函数。如将 MOSFET 的金属栅极去掉代之以特定的敏感膜，即成为相对应物质有响应的 FET，当它与试液接触并与参比电极组成测量体系时，由于膜与溶液的界面产生膜电势，叠加在栅压上，引起 MOSFET 漏电流的变化。i_d 与相应分子浓度之间有类似于能斯特方程的关系，许多敏感膜材料（如晶体膜、PVC 膜和酶膜等）都可以作为 MOSFET 的感受器。FET 是全固态器件，体积小、易微型化和多功能化。它本身具有高阻抗转换和放大功能（图 3-16），可以集膜感受器和换能器于一体成为敏感器件，因此简化了接续仪器的电路。用 FET 制作的敏感器件响应快，适用于自控监测和流程分析等，但这种换能器的制作工艺较复杂。

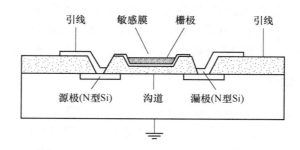

图 3-15　MOSFET 的结构

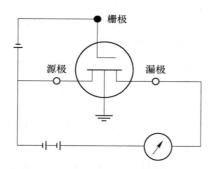

图 3-16　场效应晶体管的电路

3.4.3　光电极

　　光电极是光电池中的一个元件，要了解光电极，有必要认识一下光电池。光电池是一种在光的照射下产生电动势和电流的装置。由于目前光电池多采用半导体材料，所以光电池多指在光的照射下产生电动势的半导体器件。光电池的种类很多，常用的有硒光电池、硅光电池和硫化铊、硫化银光电池等，主要用于仪表、自动化遥测和遥控方面。有的光电池可以直接把太阳能转变为电能，这种光电池又称太阳能电池。太阳能电池作为能源广泛应用于人造卫星、灯塔、无人气象站等。

　　一般的光电池是一种特殊的半导体二极管，能将可见光转化为直流电，或将红外光和紫外光转化为直流电。最早的光电池是用掺杂的氧化硅来制作的，掺杂是为了影响电子或空穴的行为。目前，单晶硅和多晶硅已成为太阳能电池的主要材料，其他材料如铜铟硒（CIS）、碲化镉（CdTe）和砷化镓（GaAs）等也已经被开发为光电池的电极材料。半导体光电池的发电原理是光生伏特效应，当半导体的 P-N 结被光照时，样品对光子的本征吸收和非本征吸收都将产生光生载流子。但能引起光伏效应的只能是本征吸收所激发的少数载流子。因 P 区产生的光生空穴、N 区产生的光生电子属多子，都被势垒阻挡而不能过结。只有 P 区的光生电子、N 区的光生空穴和结区的电子空穴扩散到结电场附近时，才能在内建电场作用下漂移过结。这样光生电子被拉向 N 区，光生空穴被拉向 P 区，即电子空穴对被内建电场分离。从而导致在 N 区边界附近有光生电子积累，在 P 区边界附近有光生空穴积累。它们产生一个与热平衡 P-N 结的内建电场方向相反的光生电场，其方向由 P 区指向 N 区。此电场使势垒降低，其减小量即光生电势差，P 端正，N 端负。于是有结电流由 P 区流向 N 区，其方向与光电流相反。如果这时分别在 P 型层和 N 型层焊上金属导线，接通负载，则外电路便有电流通过，如此形成一个个电池元件，把它们串联、并联起来，就能产生一定的电压和电流，输出功率。

光电极是光电池中的一个电极，或是组成半导体光电二极管中 P-N 结的两个电极。虽然化学与生物传感器中的光电极不同于太阳能电池中的光电极，但它们产生的电流均来自光电效应，只不过太阳能电池的光电效应仅属于物理变化，而化学与生物传感器中使用的光电极可能也具有类似于半导体的光电效应，但它必须与生物化学反应相关联。

在这种光电极的表面上，具有光电化学活性物质的分子受到光激发后，其外层电子可从基态跃迁到激发态。由于激发态分子具有很强的活性，能够直接或间接通过电子调节机理将电子转移到半导体电极的导带或其他具有较低能量水平的电极上，从而产生光电流。从光电化学机理上看，可能有两种情况：

（1）如果溶液中存在还原剂分子，反应后产生的氧化态受激分子被还原到基态，继而再次参与光电化学反应，因此产生的光电流不间断；

（2）如果溶液中存在淬灭剂分子（通常为电子供体或受体分子），激发态分子可与其发生电子转移反应，生成的氧化态或还原态分子能够进一步从电极表面得到或失去电子，即可产生光电流，光电活性分子重新回到基态参与反应。

光电流的强弱与辐射光的波长和强度、光电活性物质的性质、电极的种类和形状、电极电势（或偏压）的大小以及电解质的组成有关。在优化的实验条件下，光电流与基质的浓度成正比。

$$i_{h\nu} = b + kC \tag{3-17}$$

采用这种光电极的化学与生物传感器称为光致电化学传感器，它利用光能激发物质产生光电流，通过直接或间接检测光电流的强弱实现检测目的。光致电化学传感器的激发与检测是分步进行的。由于是检测电流响应，因此相对于光学检测方法而言，具有设备简单、成本低廉、易于微型化和集成化的优点。随着电化学检测和光电转换技术的不断发展，光致电化学传感器应当具有与化学发光传感器和电化学发光传感器相媲美的灵敏度，且光电流产生原理类似于电催化原理，较普通的电化学传感器灵敏度要高得多。

　　常用于光致电化学传感器中的光电极是用二氧化钛（TiO_2）、硫化镉（CdS）、联吡啶合钌$[Ru(bpy)_3]^{3+}$及一些具有光电效应的染料（如硫堇）制备的电极。

4 电化学生物传感器

在化学传感器中，一般把基于化学反应或效应引起电子的得失或变化而直接产生电信号的敏感器件称为电化学传感器。早期的电化学传感器可以追溯到20世纪50年代，当时用于氧气的监测。到了20世纪80年代中期，小型电化学传感器开始用于检测各种有害气体，接着离子选择性电极出现和发展，并由于其良好的灵敏度与选择性，逐渐应用到人类的生产和生活中。

4.1 电化学发光生物传感器

4.1.1 电化学发光原理

电化学发光也称为电致化学发光（electrochemiluminescence 或 electrogenerated chemiluminescence，ECL），它是某些化学物质经过电极反应，完成较高能量的电子转移而生成的不稳定的激发态粒子在回到基态时以光辐射形式释放能量的过程。在电化学发光中，激发态粒子是某些化学物质经过电子转移反应产生的，但并不是所有的化学物质都具有这种电化学活性，只有一些特定结构的化合物具有这种性质，如鲁米诺和三联吡啶合钌配离子 $Ru(bpy)_3^{2+}$，如图4-1所示。

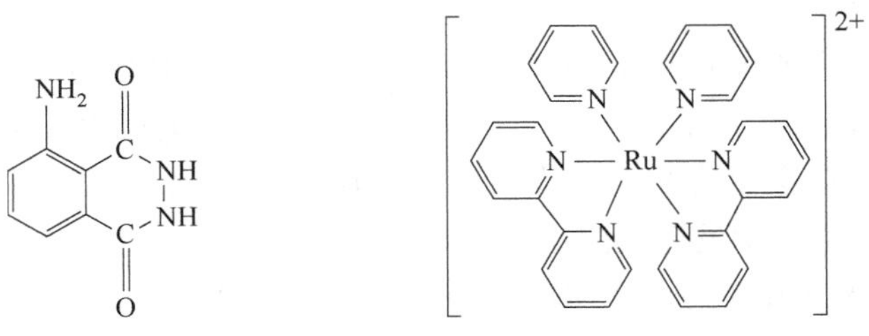

图 4-1 鲁米诺和 $Ru(bpy)_3^{2+}$ 的分子结构

鲁米诺属于酰肼类的典型电化学发光活性物质。对鲁米诺的电化学发光，前人已进行了大量的研究工作，提出了鲁米诺氧化发光和还原发光的机理。例如，在鲁米诺-过氧化氢电化学发光体系中，在碱性介质中的鲁米诺阴离子在电极上氧化后生成重氮盐，继而被过氧化氢氧化成3-氨基邻苯二甲酸激发态离子，不稳定的激发态离子发射出425 nm的光，如图4-2所示。

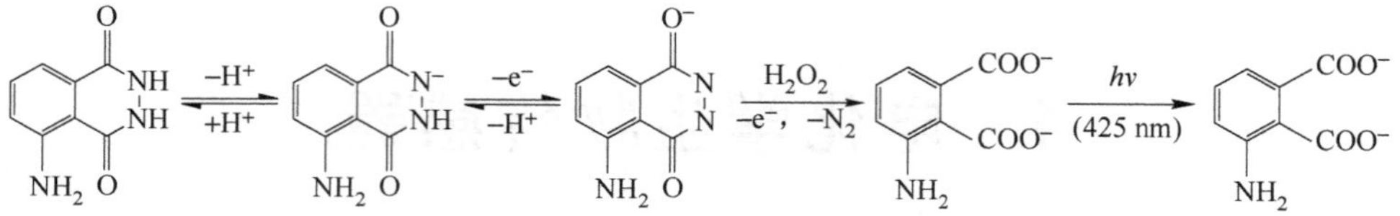

图 4-2　鲁米诺的电化学发光机理

H_2O_2 虽然是非常简单的分子，但它是 O_2 还原和生物体内许多蛋白质催化反应的中间产物，通过测定 H_2O_2 可以测定酶促反应的底物、产物或酶本身的活性。诸多具有催化功能的蛋白质，如葡萄糖、胆固醇、尿酸氧化酶等，在催化相应底物发生氧化反应时会释放出 H_2O_2。所以应用鲁米诺 - 过氧化氢电化学发光体系，可制备许多关联 H_2O_2 的电化学发光传感器。

三联吡啶合钌配离子 $Ru(bpy)_3^{2+}$ 及其衍生物也是常用的电化学发光试剂。当激发电势采用双阶跃正负脉冲，$Ru(bpy)_3^{2+}$ 在正电势阶跃时被氧化为 $Ru(bpy)_3^{3+}$，在负电势阶跃时被还原成 $Ru(bpy)_3^{+}$，$Ru(bpy)_3^{3+}$ 与 $Ru(bpy)_3^{+}$ 反应生成激发态的 $Ru(bpy)_3^{2+*}$，$Ru(bpy)_3^{2+*}$ 回到基态时放出光子。其机理如下：

$$Ru(bpy)_3^{2+} \longrightarrow Ru(bpy)_3^{3+} + e^-$$
$$Ru(bpy)_3^{2+} + e^- \longrightarrow Ru(bpy)_3^{+}$$
$$Ru(bpy)_3^{3+} + Ru(bpy)_3^{+} \longrightarrow Ru(bpy)_3^{2+} + Ru(bpy)_3^{2+*}$$
$$Ru(bpy)_3^{2+*} \longrightarrow Ru(bpy)_3^{2+} + h\nu$$

因为 $Ru(bpy)_3^{2+}$ 和 $Ru(bpy)_3^{+}$ 同时在电极上生成，$Ru(bpy)_3^{2+}$ 自己形成循环的电化学发光反应，所以对实际的化学分析没有意义。

如果对电极施加直流电势，$Ru(bpy)_3^{2+}$ 在阳极上被氧化为 $Ru(bpy)_3^{3+}$，在阴极上被还原成 $Ru(bpy)_3^{+}$，由于它们不是生成在同一个电极表面上，故不产生电化学发光反应。在这种情况下，若体系中存在其他氧化还原物质（如氨基酸），则会发生如下的电化学发光反应：

$$H_3N^+CHRCOO^- + OH^- \longrightarrow H_2NCHRCOO^- + H_2O$$
$$Ru(bpy)_3^{2+} \longrightarrow Ru(bpy)_3^{3+} + e^-$$
$$Ru(bpy)_3^{3+} + H_2NCHRCOO^- \longrightarrow Ru(bpy)_3^{2+} + H_2N^{+\cdot}CHRCOO^- + 2H^+$$
$$H_2N^{+\cdot}CHRCOO^- + Ru(bpy)_3^{3+} \longrightarrow HN=CHRCOO^- + Ru(bpy)_3^{2+*} + 2H^+$$
$$Ru(bpy)_3^{2+} \longrightarrow Ru(bpy)_3^{3+} + h\nu$$
$$HN=CHRCOO^- + H_2O \longrightarrow RCOCOO^- + NH_3$$

在这里，$Ru(bpy)_3^{2+*}$ 是氨基酸还原 $Ru(bpy)_3^{3+}$ 的结果，因此，电化学发光强度正比于氨基酸的浓度，成为定量氨基酸的依据。从反应机理中看到，

$Ru(bpy)_3^{2+}$ 可以循环利用,是一种非常经济的电化学发光试剂。

三联吡啶合钌和鲁米诺是最具代表性的电化学发光试剂,它们水溶性好,试剂的化学性质稳定,发光效率高。所以目前电化学发光传感器采用的电化学发光试剂主要是三联吡啶合钌或鲁米诺以及它们的衍生物。凡是能够参与或催化它们电化学发光反应的物质,都能用电化学发光分析法测定。

电化学发光分析法的定量基础与化学发光分析法是相同的。在化学发光体系中,化学发光反应所发出的光的强度依赖于发光体系电子激发态的形成,或者说依赖于反应动力学,而一切影响反应速率的因素都可以作为建立测定方法的依据。若某种分析物与过量试剂作用而发光,则此时的发光强度与分析物浓度有如下关系:

$$I_{CL}(t) = \phi_{CL} \times dc/dt \tag{4-1}$$

式中,$I_{CL}(t)$ 为 t 时刻的化学发光强度(光子/秒);dc/dt 是 t 时刻发光反应的速率(分子数/秒);ϕ_{CL} 为与分析物相关的发光效率,发光效率可以定义为发射光子的数目(或速率)与参加反应的分子数(或速率)之比。对于特定的发光反应,ϕ_{CL} 在恒定的反应条件下为一常数,化学发光和电化学发光的 ϕ_{CL} 一般都小于 1%。在发光试剂过量的情况下,其浓度值可以视为常数,因此一般的发光反应可以视为准一级动力学反应,t 时刻的化学发光强度与该时刻的分析物的浓度成正比。在发光分析中通常以峰高表示发光强度,利用峰高与分析物浓度成正比的关系即可进行定量分析。当然根据类似的推理也可以对发光物质进行定量测定。为了取得发光强度与浓度之间直接联系得更为有效的方法,可以对强度 - 时间曲线在一个固定时间间隔内进行积分,积分强度正比于浓度:

$$\int I_{CL} dt = \phi_{CL} \int dc/dt \times dt \tag{4-2}$$

随着材料科学和电极修饰技术的进步,近十年来电化学发光传感器从简单的检测装置发展到独立的传感器,成为分子识别的一个颇具应用前景的敏感器件。随着电化学发光基础研究(如标记技术、复合电极、微电极的研究)的深入发展和光检测方式(如 CCD 检测器的应用)的进一步改进,电化学发光传感器会得到越来越广泛的应用。

4.1.2 直接浸入式电化学发光传感器

从仪器分析的角度来讲,电化学发光是电化学技术和化学发光相结合的产物,既保留了化学发光分析法所具有的灵敏度高、线性范围宽和仪器简单等特点,又具有化学发光分析法无法比拟的优点,如重现性好、连续可测、易于控制和可用于原位检测。目前,电化学发光的研究日益深入,已应用在药物分析、免疫分析和 DNA 分析等方面,特别是与液相色谱、流动注射的联用和作为独立的生物化学传感器,日益受到人们的重视。电化学发光传感器的测试系统由传感器、光纤、恒电位仪、光-电转换测量装置、记录及数据处理装置组成。恒电位仪给传感器的工作电极提供一个稳定的工作电压，将化学变化转变成光信号并通过光纤将其输入光-电转换测量装置，光信号在光-电转换测量装置中被转变成电信号，最后电信号被记录或处理成可读的数据。在测试系统中，电化学发光活性试剂和较复杂的流动系统被传感器取代，避免了使用大量的电化学发光活性试剂，并且用光纤传输光信号，实现了仪器的小型化，增加了方法的实用性。如果将 CCD 测光技术应用于检测光信号，会进一步减小仪器的体积和提高灵敏度。

电化学发光传感器的探头一般由三电极系统、光纤、电解池构成，可根据用途制成不同式样。图 4-3 是一种类似于离子选择性电极的直接浸入式传感器的截面图和俯视图。它的探头由工作电极、对极、参比电极和光窗等组成。在探头中，工作电极是最重要的，它决定传感器的用途和性能。工作电极一般由铂、ITO 镀膜玻璃、石墨、金等作为基体材料。将各种电化学发光活性试剂固化在这些材料制成的不同形状的电极上，以制备不同用途和性能的工作电极。对极和参比电极只要符合电化学反应体系的要求即可。光窗由光导纤维的一端加工制成。

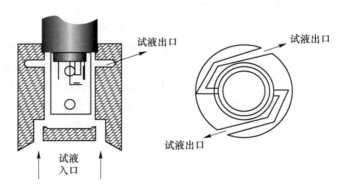

图 4-3　直接浸入式电化学发光传感器

电化学发光活性试剂的固化方法有包埋、碳糊混合、单分子层修饰和高分子涂膜等方法。无论用哪种方法，固化后的电化学发光活性膜必须保持其电化学和光化学活性，且制备的工作电极要有一定的使用寿命。图 4-3 所示工作电极是用三联吡啶合钌偶联高分子化合物壳聚糖，然后将这一含有电化学发光活性试剂的高分子化合物涂在铂和玻碳电极上，最后再以溶胶-凝胶法覆硅胶膜于电化学发光高分子活性膜上制备的。利用溶胶-凝胶法覆膜不仅能保护电化学发光试剂的活性，还会延长工作电极的使用寿命，如果在溶胶-凝胶法制备硅胶膜的过程中根据需要加入各种功能性分子，还能改变和提高传感器的分子识别能力。

电化学发光传感器通过将各种电化学发光活性分子固化在工作电极上，并用各种方法加以修饰，使它们的选择性和实用性提高。例如，将鲁米诺固化在工作电极上制备的电化学发光传感器可以测定微量过氧化物。钌的三联吡啶配合物被吸附或掺进高分子聚合膜覆盖在工作电极上，可以制备测定草酸和烷基胺的电发光化学传感器。用三联吡啶合钌-壳聚糖/SiO₂ 复合电极制备的电化学发光传感器的研究结果表明，可以不经分离，直接测定草酸、抗坏血酸、脯氨酸和有机胺，如果利用溶胶-凝胶法对硅胶膜进行改性，还可以改变测定的选择性和灵敏度。电化学发光传感器还可以通过对胺的检测，监测鱼虾类水产品的质量。通过电化学发光活性分子标记蛋白质、核酸等物质来进行免疫分析和 DNA 分析。

4.1.3　电化学发光甲醛传感器

甲醛（HCHO）是非常重要的化工原料，广泛用于高分子材料、纺织印染、木材加工、造纸印刷等行业，也作为消毒剂和防腐剂，大量应用在医疗卫生领域。然而，甲醛的大量使用不可避免地带来了水和空气的污染。由于甲醛有致癌可能性，世界卫生组织在 1989 年就将其列为危害人类健康的主要污染物。所以，准确判断甲醛的污染程度已成为一个的重要任务。

人们已经提出和研究了一些测定水中甲醛的方法，代表性的技术是分光光度法和高效液相色谱法，它们的检测限分别为 50 μg/L 和 10^{-7} mol/L，这对于水中微量甲醛的测定并不令人满意。另外，这两种方法都采用会造成新污染的有毒试剂和需要相对复杂的操作。电化学传感器检测甲醛是一种方便、快速的方法，有的灵敏度可达 30 ng/mL，但一般要利用生物酶的催化反应，传感器的长期使用和制备有一定的困难。基于甲醛在镍电极上的电催化氧化能增强鲁米诺电化学发光的机理，可以制备一种检测甲醛的电化学发光传感器。

电化学发光甲醛传感器的纵向截面如图 4-4 所示。可拆卸的工作电极由长 8.0 mm、直径 1.0 mm 的镍棒（纯度 99.9%）制备，使用前电极表面要依次用精细砂纸和纳米 Al₂O₃ 抛光。参比电极为 Ag-AgCl，对极为 2.0 mm 的不锈钢管。样品注入和排气孔均为不锈钢管，样品室容积为 250 μL。光窗正对于发光检测仪的光电倍增管。

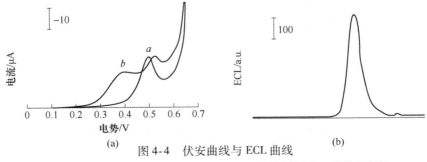

图 4-4　伏安曲线与 ECL 曲线

a—镍电极在 NaOH 溶液中的伏安曲线；b—鲁米诺在镍电极上的伏安曲线

镍电极广泛应用在电池研究中，其电化学性质已有报道。镍电极在 0.1 mol/L NaOH 溶液中的线性扫描伏安曲线如图 4-4（a）所示，其氧化峰电势在 500 mV，电极反应为：

$$NiO + OH^- - e^- \longrightarrow NiO(OH)$$
$$NiO(OH)_2 + OH^- - 2e^- \longrightarrow NiO(OH) + H^+$$

上两式可简写为：

$$Ni(\text{II}) - 2e^- \longrightarrow Ni(\text{III})$$

式中，Ni（II）是由于镍电极在 NaOH 溶液中，当电极电势大于 −600 mV 时，发生氧化反应：

$$Ni + 2OH^- - 2e^- \longrightarrow NiO + H_2O$$

或

$$Ni + 2OH^- - 2e^- \longrightarrow Ni(OH)_2$$

如果此时 NaOH 溶液中含有 5.80×10^{-4} mol/L 的鲁米诺，镍电极的线性扫描伏安曲线图 4-4（a）中 b 线显示出鲁米诺（LH$_2$）在 390 mV 的氧化峰电势，同时观察到 ECL，其电极反应为：

$$LH_2 \longrightarrow LH^- - e^- \longrightarrow L^{\cdot -} + H^+$$
$$L^{\cdot -} + Ni(\text{II}) \longrightarrow Ni + AP^{2-\cdot}$$
$$AP^{2-} \longrightarrow AP^{2-} + h\nu (425 \text{ nm})$$

镍电极在 0.1 mol/L NaOH 溶液中的循环伏安曲线如图 4-5 中 a 线所示，其氧化峰电势在 500 mV，还原峰电势在 420 mV。在甲醛存在时，其氧化峰电势移至 540 mV，还原峰电势移至 430 mV（图 4-5 中 b 线）。正扫描时发生的反应为：

$$Ni(\text{II}) \longrightarrow Ni(\text{III}) + e^-$$

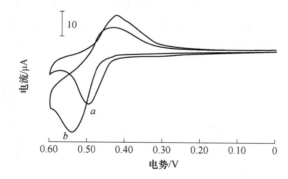

图 4-5　镍电极在 NaOH 溶液中的循环伏安曲线
a—甲醛不存在；b—甲醛存在

$$Ni(\text{III}) + HCHO + 2OH^- \longrightarrow Ni(\text{II}) + CH_2(O)O^- + H_2O$$

由于镍电极表面的 Ni(Ⅲ)/Ni(Ⅱ)扮演了催化剂的角色，Ni(Ⅲ)使甲醛在镍电极上发生电催化氧化反应，因此镍电极的阳极峰电势向正电势方向移动了 40 mV，阴极峰电流降低，而阳极峰电流明显增加。进一步的实验显示，改变电势扫描速度，阳极峰电势稍微正移，峰电流随电势扫描速度的增加而增大且与电势扫描速度的平方根成正比，说明甲醛的电催化氧化受扩散控制，与甲醛的浓度有关。甲醛在镍电极上的电催化氧化，使得镍电极上 Ni(Ⅱ)的数量增加，Ni(Ⅱ)进一步氧化鲁米诺的激发态（$L^{\cdot -}$）粒子，产生增强的 ECL 信号（图 4-6）。对含有不同浓度甲醛试液的实验（图 4-7）表明，在一定范围内，甲醛在镍电极上的电催化氧化所引起的 ECL 响应与甲醛的浓度成正比，可以定量测定甲醛的浓度。

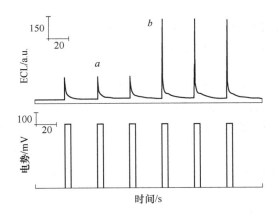

图 4-6　传感器对空白试剂 a 和甲醛存在 b 时的 ECL
响应脉冲电势为 550 mV/5 s

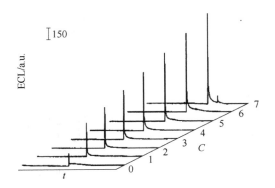

图 4-7　传感器对不同浓度甲醛的 ECL 响应

　　将适当浓度的甲醛标准溶液或含有甲醛的样品溶液与适量的鲁米诺标准溶液混合均匀，用注射器注入传感器的样品室，对传感器的工作电极施加 550 mV、延时 5 s 的脉冲直流电势，观察和记录 ECL 强度，以扣除空白的光强度定量甲醛含量。在选定的实验条件下，甲醛浓度在 $7.82 \times 10^{-8} \sim 2.35 \times 10^{-6}$ mol/L（$2.35 \sim 70.4$ μg/L）范围内与 ECL 响应呈良好的线性关系，检测限为 4.70×10^{-8} mol/L（1.41 μg/L）。对 1.07×10^{-6} mol/L 的甲醛平行测定 5 次，相对标准偏差为 6.9%。

4.1.4　电化学发光免疫传感器

　　电化学发光是利用电解技术在电极表面产生某些电活性物质，通过氧化还原反应而导致化学发光。应用光学手段测量发光光谱和强度即能对物质进行痕量检测。与其他检测方法相比，它具有一些明显的优势：标记物的检测限低（200 fmol/mL）；标记物比大多数化学发光标记物稳定；由于是电促发光，只有靠近电极表面的带有标记物的部分才能被检测到，所以分离或非分离体系均可应用此方法。电化学发光常用的标记试剂是三联吡啶合钌及其衍生物（图 4-8 中联吡啶合钌衍生物的化学结构式）。在免疫电化学发光（IECL）传感器中所采用的 TBR-三丙胺（TPA）体系的电化学发光原理如图 4-8 所示。$Ru(bpy)_3^{2+}$ 和 TPA 分别在电极表面氧化成 $Ru(bpy)_3^{3+}$ 和三丙胺阳离子的自由基 $TPA^{+\cdot}$，$TPA^{+\cdot}$ 迅速脱去一个质子形成三丙胺自由基（TPA^+），TPA^+ 具有强还原性，从而把 $Ru(bpy)_3^{3+}$ 还原为激发态的 $Ru(bpy)_3^{2+*}$，后者发射一个 620 nm 的光子回到基态，再参与下一次电化学发光。只需 0.01 ms 就可发出稳定的光，每毫秒几十万次的循环电化学发光大大提高了检测的灵敏度。另外，通过电极反应在线制备了不稳定的发光剂 $Ru(bpy)_3^{2+*}$ 和 $TPA^{+\cdot}$，避免了直接使用 $Ru(bpy)_3^{3+}$ 对分析测试的影响。

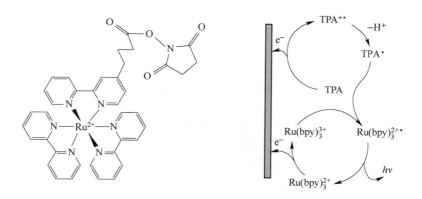

图 4-8　免疫电化学发光所使用的标记试剂和响应机理

在免疫分析中，不得不提及磁微球分离技术。由于抗原-抗体复合物的分离往往比较烦琐费时，常是分析误差的主要来源，并难于实现自动化。使用塑料管、球及尼龙等固相载体只能使操作有限简化，且包被条件不易控制，有时结果又不够稳定。磁微球分离技术采用磁性微球偶联作为配体的生物分子，去分离体系中与之特异性结合的物质，从而使抗原-抗体复合物分离大大简化。将磁流体用有机聚合物包裹起来可制成磁性高分子微球，方法主要有以下四种：机械分散法、聚合法、大分子稳定铁氧化物溶胶法和渗磁法。经有机聚合物包被的磁微球表面具有氨基（或羟基、羧基、醛基）活性基团，可以和各种有机生物分子有效而稳定地键合连接，大大拓宽了其应用范围。免疫磁性微球是以直径几个微米左右的磁性微球作为载体偶联抗原或抗体的带有配基的微球。目前磁微球的生产已经商品化，并且已有免疫磁微球产品。这种磁性微球颗粒很小，因此可以稳定地悬浮，便于偶联的生物分子进行反应；又因其具有顺磁性，加上外磁场后，可迅速从溶液中分离出来。一般认为优化磁微球的大小、均匀程度和所加外磁场强度是磁微球技术的关键，将影响 IECL 测定过程能否把磁微球-生物素-抗生物素（BAS）-抗原-抗体-钌标记复合物定量可控地沉降到电极表面。利用磁微球技术电化学发光免疫检测的模式如图 4-9 所示。

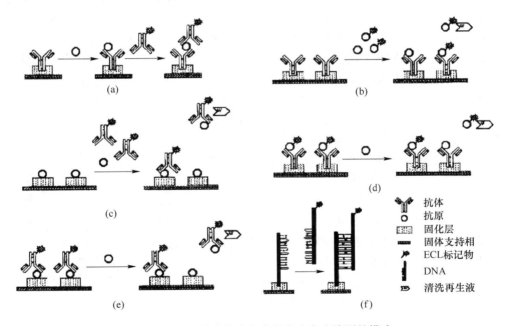

图 4-9 利用磁微球技术电化学发光免疫检测的模式

利用电化学发光免疫分析法可测定游离甲状腺素（FT_4）、人绒毛膜促性腺素和促甲状腺素（TSH），并证明血清中溶血、血脂和黄疸对检测不产生干扰。

血清中的血红蛋白、胆红素和甘油三酯对促甲状腺素的 IECL 电化学发光测定没有干扰。应用电化学发光分析法，用夹心 IECL 方法测定未稀释血清样品中的重组干扰素（IENa-2b），其准确度优于酶联免疫分析法。现在利用这种方法还测定了前列腺特异性抗原（PSA），并把该方法应用于前列腺切除病人的临床分期诊断。采用 IECL 技术还能对脑神经因子、巨细胞病毒糖蛋白 B 的抗体、血清中的甲状腺素等进行检测。例如，以鲁米诺为发光试剂，利用 IECL 技术还可测定除草剂 Atrzine。

4.1.5 电化学发光 DNA 传感器

21 世纪是生命科学蓬勃发展的时代，特别是生物技术与微电子技术的结合更促进了生命科学的迅速发展。事实上，从 20 世纪 90 年代初，随着人类基因组计划的实施，这一进程就开始了。研究生命现象离不开获取和解析生物学的信息，所以信息科学在生命科学发展中的地位不言而喻。传感技术是信息科学的三大技术之一，是获取信息的手段。利用传感技术获取生物的信息是生命科学发展的要求和必然。因此随着生命科学的发展，获取基因信息的基因传感器与基因芯片应运而生。所谓基因传感器，就是通过固定在感受器表面上的已知核苷酸序列的单链 DNA 分子（也称为 ssDNA 探针），使其和另一条互补的目标 DNA 分子（也称为 ssDNA）杂交，换能器将杂交过程或结果所产生的变化转换成电、光、声等物理信号，通过解析这些响应信号，给出相关基因的信息。基因芯片则是将十个至上千个 DNA 探针借助微电子技术集成在一块数平方毫米或平方厘米的载体片上进行生化反应，并将响应数据进行分析处理来实现样品检测的一种新技术。所以，基因芯片也可以看作基因传感器阵列。

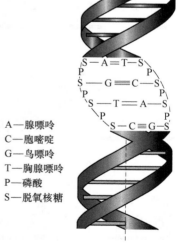

A—腺嘌呤
C—胞嘧啶
G—鸟嘌呤
T—胸腺嘧啶
P—磷酸
S—脱氧核糖

图 4-10 DNA 的双螺旋结构

4.1.5.1 基因与基因诊断

自 1953 年 Watson 和 Crick 根据 Franklin 和 Wilkins 拍摄的 DNA X 射线照片发现生物遗传分子 DNA 的双螺旋结构（图 4-10），建立生物遗传基因的分子机理以来，有关 DNA 分子的识别、测序一直为人们所关注。基因控制着人类生命的生老病死过程，随着对基因与癌症以及基因与其他有关病症的了解，在分子水平上检测易感物种及基因突变，对于疾病的治疗及预测有着重要的意义，并可望实现对疾病的早期诊断乃至超前诊断。基因诊断是通过直接探查基因的存在状态或缺陷对疾病做出诊断的方法。基因诊断的探测目的物是 DNA 或 RNA（核糖核酸）。前者反映基因的存在形态，而后者反映基因的表达状态。探查的基因又分为内源基因(机体自身的基因)和外源基因(如病毒、细菌等)两种。前者用于诊断基因有无病变，而后者用于诊断有无病原体感染。

目前基因诊断的方法学研究取得了很大进展，先后建立了限制性内切酶酶谱分析、核酸分子杂交、限制性片段长度多态性连锁分析、聚合酶链反应，以及近年发展起来的 DNA 传感器及 DNA 芯片（DNA chip）技术等。

具有一定互补序列的核苷酸单链在液相或固相中按碱基互补配对原则缔合成异质双链的过程称为核酸分子杂交。常用的技术有印迹杂交、点杂交、夹心杂交（三明治杂交）、原位杂交和寡核苷酸探针技术等。核酸分子杂交主要涉及两个方面，即待测的 DNA 或 RNA，以及用于检测的 DNA 或 RNA 探针。探针标记的好坏决定检测的敏感性。基因探针是一段与待测的 DNA 或 RNA 互补的核苷酸序列，可以是 DNA 或 RNA，其长度不一，可为完整基因，也可为一部分基因。按其性质，可为编码序列，也可为非编码序列；可为单拷贝序列，也可为高度重复序列（或其核心序列）；可为天然序列，也可为人工合成序列。不论采用哪一种探针，根据核酸杂交原理，必须满足两个条件：

（1）应是单链，若为双链必须先行变性处理；

（2）应带有可被追踪和检测的标记物，有了合适的探针，就有可能检测出目的基因，观察有无突变，也可根据探针结合的量进行定量检测。

传统的诊断方法是先发现疾病的表型，再把基因产物即蛋白质或其抗体氨基酸序列弄清楚，运用分子生物学技术分离该基因，并通过测序确定突变部位，这适用于已知突变与疾病的关系。对于生物特征不明的疾病用此方法显然不行。基因诊断又称逆向遗传学，先找出基因变异，再分析基因产物，最终探明生理作用的临床机制，因此基因诊断往往在疾病出现之前就可以完成，在诊断时间上存在显著的优越性，有利于及时治疗。自 20 世纪 90 年代初世界各国相继启动人类基因组计划以来，这一领域的发展日新月异，目前已取得相当大的进展。生物科学、计算机科学、材料、微电子等学科中的理论和技术在该领域得到广泛应用。DNA 传感器及 DNA 芯片就是这一领域的佼佼者，可应用于 DNA 测序、突变检测、基因筛选、基因诊断以及几乎所有应用核酸杂交领域。用于特定 DNA 序列及其变异识别的机理有两种：一种是 DNA 杂交严格遵守的 Watson-Crick 碱基对原则，即 C 与 G、A 与 T 形成碱基对（图4-10）；另一种则是通过 Hoogsteen 氢键形成三链体寡聚核苷酸，即双螺旋 DNA 的 A-T 碱基对可与 T 形成 T·A-T 三碱基体，G-C 碱基对可与质子化的碱基 C 形成 C·G-C 三碱基体。目前，大多数 DNA 传感器都是建立在 DNA 杂交基础上的。设计 DNA 传感器涉及两个关键技术：一是有效地将 DNA 探针固定在固体基质表面的技术；二是在传感器-液相界面对于靶基因的测定技术。

4.1.5.2 基因传感器的基本结构和类型

标记法核酸杂交检测技术现已广泛应用于生物学、医学和环境科学等有关领域，但其实验过程费时、费力，并且传统的放射性同位素标记法安全性差，难以满足各方面的需要，发展新型分子杂交快速检测技术已迫在眉睫。基因传感器为核酸杂交快速检测提供了一个新途径，它是以杂交过程高特异性为基础的快速传感检测技术。每个种属生物体内都含有其独特的核酸序列，核酸检测关键是设计一段寡核苷酸探针。基因传感器一般有 10 ~ 30 个核苷酸的单链核酸分子，能够专一地与特定靶序列进行杂交从而检测出特定的目标核酸分子。基因传感器中信号转换器通常具备这样的特点：杂交反应在其表面上直接完成，并且转换器能将杂交过程所产生的变化转变成电信号。根据杂交前后电信号变化量，从而推断出被检 DNA 的量。由于感受器和信号转换器种类不同，构成基因传感器的类型也不同。根据检测对象的不同可分为 DNA 生物传感器（包括核内 DNA、核外 DNA、cDNA、外源 DNA 等）和 RNA 传感器（包括 mRNA、tRNA、rRNA、外源 RNA 等）两大类。目前研究的基因传感器主要为 DNA 传感器。根据转换器种类可分为电化学型、光学型和质量型 DNA 传感器等。

4.1.5.3 电化学发光 DNA 传感器

电化学发光是通过对电极施加一定的电压而促使反应产物之间或体系中某种组分进行的化学发光反应，通过测量发光光谱和强度来测定物质的含量。ECL 常用的标记试剂是 $Ru(bpy)_3^{2+}$ 及其衍生物。Bard 小组通过 Al^{3+}-PO_4^- 静电吸引自组装法将 DNA 固定，以 $Ru(bpy)_3^{2+}$ 为嵌入剂，在三丙胺存在下，通过检测其电化学氧化所产生的发光信号进行 DNA 的识别（图 4-8）。

磁微球技术不仅成功地应用于免疫传感器，对电化学发光 DNA 传感器的应用也是非常重要的技术。图 4-11 显示的电化学发光 DNA 传感器主要由安装在一个 PIN 光电二极管下部的微电化学发光池构成。池的下部是面对光电二极管的电化学发光电极，面积为 $1\ mm^2$，池的两侧分别是试液的进出口。当磁微球携带杂交后的 DNA 和标记物 $Ru(bpy)_3^{2+}$ 进入微电化学发光池落在工作电极上时，在一定电势下，$Ru(bpy)_3^{2+}$ 与试液中的三丙胺作用，产生电化学发光。根据电化学发光的强度，即可测定目标 DNA 的量。利用磁微球技术，以 $Ru(bpy)_3^{2+}$ 标记 DNA 的方法如图 4-12 所示。

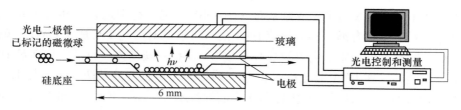

图 4-11 微电化学发光池的构造和测量系统

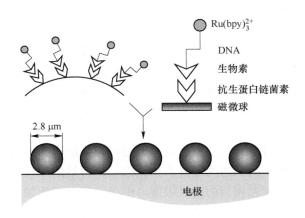

图 4-12 在磁微球上标记 DNA 的原理

目前已发展了定量测定 DNA 的聚合酶链反应扩增产物的商业化传感器。通过 avidin-biotin 亲合体系使含 $Ru(bpy)_3^{2+}$ 标识的 DNA 探针固定，在三丙胺存在下，通过每毫秒几十万次的电化学发光循环，大大提高了分析灵敏度，检测限达 10^{-15} mol/L。

4.2 光致电化学生物传感器

光电化学过程是指分子、离子或半导体材料等因吸收光子而使电子受激发产生的电荷传递，从而实现光能向电能的转化过程。具有光电化学活性的物质受光激发后发生电荷分离或电荷传递过程，从而形成光电压或者光电流。具有光电转换性质的材料主要分为 3 类：

（1）无机光电材料，这类材料主要指无机化合物构成的半导体光电材料，如 Si、TiO_2、CdS、$CuInSe_2$ 等；

（2）有机光电材料，常用的有机类光电材料主要为有机小分子光电材料和高分子聚合物材料，小分子材料如卟啉类、酞菁类、偶氮类、叶绿素、噬菌调理素等，高分子聚合物材料主要有聚对苯乙烯（PPV）衍生物、聚噻吩（PT）衍生物等；

（3）复合材料，主要是由有机光电材料或者配合物光电材料与无机光电材料复合形成，也可以是两种禁带宽度不同的无机半导体材料复合形成的材料。

复合材料比单一材料具有更高的光电转换效率，常见的复合材料体系有 CdS-TiO_2、ZnS-TiO_2、联吡啶钌类配合物-TiO_2 等。基于 TiO_2 的复合材料是目前研究最多的一种，也有用 ZnO、SnO_2、Nb_2O_5、Al_2O_3 等其他宽禁带的半导体氧化物进行复合的。后来，利用金纳米粒子或者碳纳米结构的导电性，人们发展了基于金纳米粒子或者碳纳米结构的半导体复合物以提高半导体光生电子的捕获和传输能力，富勒烯/CdSe、碳纳米管/CdS、碳纳米管/CdSe、卟啉/富勒烯/金纳米粒子、CdS/金纳米粒子等体系具有较高的光电转换效率。另外，某些生物大分子如细胞、DNA 等也具有光电化学活性，可以通过它们自身的光电流变化研究生物分子及其他物质与它们的相互作用。待测物与光电化学活性物质之间的物理、化学相互作用产生的光电流或光电压的变化与待测物的浓度间的关系，是传感器定量的基础。以光电化学原理建立起来的这种分析方法，其检测过程和电致化学发光正好相反，用光信号作为激发源，检测的是电化学信号。和电化学发光的检测过程类似，都是采用不同形式的激发和检测信号，背景信号较低，因此光电化学可能达到与电致化学发光相当的高灵敏度。由于采用电化学检测，同光学检测相比，其设备价廉。根据测量参数的不同，光电化学传感器可分为电势型和电流型两种。基于电流型光电化学传感器是由于光的激发而导致的电极反应，故称为光致电化学传感器。光致电化学传感器工作的基本原理是利用被测物质与激发态的光电材料之间发生电子传递而引起光电材料的光电流变化进行测定。另外也可以根据待测物质本身的光电流对其进行定量分析。

4.2.1　基于无机半导体材料的光致电化学传感器

无机半导体材料受到能量大于其禁带宽度的光照射时，电子从价带跃迁到导带，此时，导带上产生电子，价带上产生空穴。所产生的这个电子-空穴对，一种可能是再复合，另一种可能是导带上的电子转移到外电路或者溶液中的电子受体上，从而产生光电流。如果导带上的电子转移到电极上，同时溶液中的电子供体又转移电子到价带的空穴上，则产生阳极光电流 ［图 4-13（a）］；相反如果导带上的电子转移到溶液中的电子受体上，同时电极上的电子转移到价带的空穴上，则产生阴极光电流 ［图 4-13（b）］。如果被分析物能作为半导体的电子供体/电子受体或第三种物质，与溶液中的电子供体/受体发生反应，则均会引起半导体阳极/阴极光电流的改变。基于无机半导体材料的光电化学传感器就是利用这种变化对被分析物直接测定或对第三种物质进行间接测定的。

1988 年，Fox 等发现本体 TiO_2 的光生空穴与若干有机物分别进行反应后，TiO_2 的光电流在不同程度上得到了增大，并指出利用这种光电流变化可对有机物质进行测定，开创了半导体在光电化学传感器中应用的研究。后来 Brown 等利用有机物质与本体 TiO_2 的光生空穴反应，对一系列有机物进行了测定。研究发现，对于氧化还原电位低于 TiO_2 的价带电位的有机物（如胺类、对苯二酚、芳香醇、醛、呋喃类物质）均有响应，一些不能和 TiO_2 的光生空穴发生反应的物质（如糖类、脂肪酮、脂肪酯等）则几乎没有响应。由于纳米材料的量子尺寸效应，它与本体材料相比，其禁带宽度增加，导带的能级变得更正，价带能级变得更负，

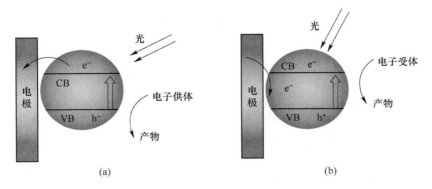

图 4-13　无机半导体材料的光电流示意图

（a）阳极光电流；（b）阴极光电流

CB—导带；VB—平衡带

因而光生空穴具有更强的氧化能力，而光生电子具有更强的还原能力。半导体纳米材料由于其粒子尺寸小于载流子的自由程，可以降低光生载流子的复合概率，具有比本体材料更优异的光电转换效率。纳米半导体的另一个显著特性就是表面效应，粒子表面原子所占的比例增大。例如，一个 5 nm CdS 粒子约有 15% 的原子位于粒子表面。当表面原子数增加到一定程度，粒子性能更多地由表面原子而不是由晶格上的原子决定，表面原子数的增多，原子配位不满（悬空键）以及高的表面能，导致纳米微粒表面存在许多缺陷，这些表面具有很高的活性。因此纳米材料的出现大大丰富了光电化学传感器研究的内涵和应用范围。

　　TiO$_2$ 纳米材料用作光电化学生物传感器的局限性在于，其只有在紫外光下才能激发，而且 TiO$_2$ 纳米材料的光生空穴具有非常强的氧化能力，无论是紫外光还是光生空穴对生物分子的测定都具有一定的破坏性。利用多巴胺可以和纳米TiO$_2$ 表面未络合的钛原子形成电荷转移配合物这一特点，制备了多巴胺敏化纳米TiO$_2$ 多孔电极，并成功应用于 NADH 的灵敏光电化学测定（图 4-14），对 NADH 测定的线性范围为 $5.0 \times 10^{-7} \sim 1.2 \times 10^{-4}$ mol/L，检测限达到 1.4×10^{-7} mol/L。此方法大大减少了紫外光以及 TiO$_2$ 的光生空穴对于生物分子的损害，提高了测定的准确性，为 TiO$_2$ 在光电生物传感方面的应用提供了新的途径。

　　目前，CdS 纳米粒子在光电化学生物传感器中也显示出良好的应用前景。研究发现，CdS 纳米粒子受光激发后产生的光生空穴或者光生电子可以与若干生物分子如氧化还原蛋白质或者酶发生电荷传递，利用半导体纳米颗粒与生物分子的作用开创了一种新的光电化学测定体系。对于 CdS 纳米材料来说，如果溶液中没有电子供体来捕获空穴，那么空穴将与 CdS 自身的 S^{2-} 发生反应：$2h^+ + CdS \rightarrow Cd^{2+} + S$，从而引起 CdS 纳米材料的光腐蚀。目前，用作 CdS 的空穴捕获剂的物质包括多硫化物（Na$_2$S 与 S 的混合物）、Na$_2$SO$_3$ 和三乙醇胺。上述空穴捕获剂

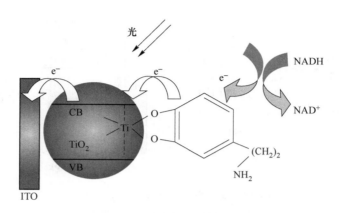

图 4-14　多巴胺-TiO$_2$ 修饰电极对 NADH 测定的示意图

一般都是在强碱性环境（pH 12）下使用的，而生物体系的测定往往需要温和的 pH 条件。寻找在温和 pH 条件下能够有效捕获 CdS 的光生空穴的物质显得特别重要。研究发现，抗坏血酸可以在温和的 pH（pH 7）条件下有效捕获 CdS 量子点的光生空穴。基于这一发现，利用聚电解质 PDDA 与 CdS 的静电作用，通过层层组装技术构建了 CdS 量子点多层膜修饰电极，并成功应用于小鼠 IgG 的非标记免疫分析，如图 4-15 所示。

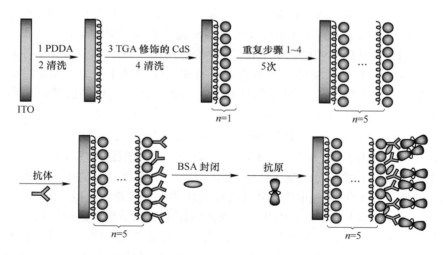

图 4-15　基于 PDDA/CdS 多层膜修饰电极的光致电化学小鼠 IgG 免疫传感器的构建过程

4.2.2　基于染料的光致电化学传感器

有机染料如亚甲基蓝和甲苯胺蓝受到光激发后能够产生激发态，抗坏血酸能够将激发态的染料还原，产生无色亚甲基蓝或者无色甲苯胺蓝。无色亚甲基蓝或者无色甲苯胺蓝转移电子到电极上，从而产生光电流。人们利用这一光电转换原理，用亚甲基蓝或甲苯胺蓝修饰电极测定抗坏血酸。整个光致电化学反应过程可以用下式表示：

$$S \xrightarrow{h\nu} S^*$$
$$S^* + AA \longrightarrow S^*_{Red} + AA_{Ox}$$
$$S^*_{Red} \longrightarrow S + 2e^-$$

式中　S——亚甲基蓝或甲苯胺蓝；

　　　AA——抗坏血酸；

　　　S^*——激发态亚甲基蓝或甲苯胺蓝。

如果将甲苯胺蓝电聚合在玻碳电极表面上，利用聚甲苯胺蓝修饰电极光致电化学测定 NADH，可能发生如下的光致电化学反应（L－p－S 为无色聚甲苯胺蓝）：

$$p - S \xrightarrow{h\nu} p - S^*$$
$$p - S^* + NADH + H^+ \longrightarrow L - p - S + NAD^+$$
$$L - p - S \rightleftharpoons p - S + 2e^- + 2H^+$$

光电化学活性分子在电极的表面上受到光激发后，其外层电子可从基态跃迁到激发态。由于激发态分子具有很强的活性，与电子供体（AA 或 NADH）发生电子转移反应，生成的还原态分子进一步从电极表面失去电子，从而产生光电流；光电活性分子重新回到基态参与反应，循环往复。

胆碱（Ch）是一种有机碱，是乙酰胆碱的前体和卵磷脂的组成成分，也存在于神经鞘磷脂之中，在动物体内参与合成乙酰胆碱或组成磷脂酰胆碱等。它在调整动物体内脂肪代谢、控制胆固醇的积蓄、防止脂肪肝、保证体细胞的正常生命活动、促进软骨发育以及神经系统的正常运行等方面都起着重要作用。虽然可以从食物中取得人类及动物所需要的胆碱数量，但很多动物体内不能合成胆碱，其中包括幼年动物。当缺乏含胆碱的食物或缺少合成胆碱所必需的营养物质时，会造成胆碱缺乏病，可能引起肝与肾的损害。因此，有营养学家把它列入维生素类之中，并使胆碱成为食品中常用的添加剂。胆碱是一种季胺碱，没有紫外吸收和电化学活性，所以酶的催化反应成为测定胆碱的重要方法。近年来，酶修饰的电流型胆碱生物传感器已有较多的研究，但该类传感器都要使用过氧化物酶，借助于电子媒介物或纳米材料。Th 也是一种吩噻嗪类染料，将硫堇电聚合在光透电极的表面上形成光电极，然后用戊二醛交联胆碱氧化酶，制备了一种新型的胆碱生物传感器。该传感器利用聚硫堇（PTh）光透电极（PThE）同时具有光敏和电子受体的功能，与电子供体 H_2O_2 组成一个新的光致电化学系统。利用 ChO_x 对胆碱的催化反应直接产生 H_2O_2，通过检测由此产生的光电流实现对胆碱的检测。

　　将 ITO 导电玻璃切成 5.0 cm × 1.0 cm 长条，依次用乙醇、丙酮、水分别超声清洗 5 min，干燥。然后在一端留出 1.0 cm 作为电极端子，在另一端用绝缘漆封住并在表面留出直径为 6.0 mm 的空白作为 ITO 电极。将 10% SnO_2 水溶胶均匀涂覆在 ITO 电极上，干燥后将其置于含有 4.0 mmol/L Th 溶液的电解池中，在 1.20 V 电势沉积 40 min 后制得 PThE。用水清洗掉表面吸附的 Th 单体后，再用磷酸盐（PBS）缓冲溶液（pH 6.5）清洗，自然干燥后取 5 μL 壳聚糖（CS）溶液滴在 PThE 表面，室温下晾干成膜。取 5 μL 0.25% 戊二醛滴在电极表面，室温下反应 30 min 后用 PBS（pH 6.5）溶液清洗干燥。再滴加 5 μL 1.5 mg/mL 的 ChO_x 溶液于电极表面上，室温下反应 2 h。晾干后再洗净表面吸附的 ChO_x，即得聚硫堇/壳聚糖-酶电极（ChO_x-CS/PThE），如图 4-16 B 所示。

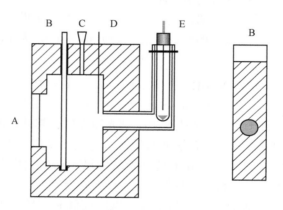

图 4-16　光致电化学实验装置示意图
A—光窗；B—工作电极；C—样品注入孔；D—对极；E—参比电极

　　PThE 的循环伏安曲线显示其有一对对称的氧化还原峰，阳极和阴极峰电势分别为 0.032 V 和 −0.045 V，$\Delta E_p = 77$ mV，电势 $E^{0'}$ 为 −0.0065 V，与文献的酸性介质中 PTh 的电极反应一致，显示 PTh 与 Th 有相似的电化学活性。PThE 对可见光的最大吸收位于 605 nm 处，与溶液中 Th 的 598 nm 非常接近，表明其具有同样吸收光的性质。ChO_x-CS/PThE 的 CV 与 PThE 的差别不大，峰电势向正电势稍微移动，峰电流有所减小。

　　将电解液置于电解池中，插入 ChO_x-CS/PThE 并使其工作表面对准光窗，分别连接三电极至电化学工作站，由光致电化学实验装置（图 4-16）施加可见光作为激发光源，其到达光窗处的能量为 15 mW/cm²。电化学工作站检测光电流响应，偏压设置为 0.50 V。向电解池中注入样品并同时启动电流检测，待催化反应 8 min 时，开启光闸并每 20 s 切换 1 次，20 s 形成 1 次光电流-时间图谱。实验温度为室温。

ChO$_x$-CS/PThE 对 H$_2$O$_2$ 的光电流响应如图 4-17 所示，在实验中将光照交替开关三次，获得的三组光电流响应依次略微减小但变化不大，说明 ChO$_x$-CS/PThE 对光的响应重现性较好。同时可以观察到光电流-时间曲线的电流值随着 H$_2$O$_2$ 浓度增加而逐渐增大，如图 4-18 所示。图 4-18 内的插图是 ChO$_x$-CS/PThE 对 Ch 的光电流响应，由此可见在 $(5.00 \sim 250) \times 10^{-5}$ mol/L 的浓度范围获得线性响应（图 4-18），线性回归方程为 $i = 23.6 + 65.7C$，相关系数为 0.9986，灵敏度 $\Delta i / C_{Ch}$ 为 65.7 nA/(mmol/L)，检测限为 30.0 μmol/L。表观米氏常数（K_M^a）是酶-底物反应动力学的重要指标，可以表征酶与底物之间亲和力大小。K_M^a 可以根据 Lineweaver-Burk 方程计算：

$$1/i_{ss} = 1/i_{max} + 1/C(K_M^a/i_{ss})$$

式中　i_{ss}——加底物后的稳态电流；

　　　C——底物的体积浓度；

　　　i_{max}——由饱和底物状态下所测的最大电流。

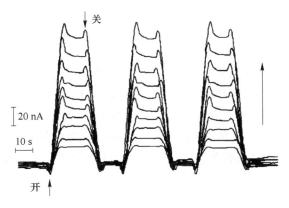

图 4-17　传感器对 H$_2$O$_2$ 的光电流响应

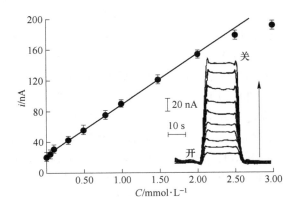

图 4-18　传感器对胆碱的光电流响应

　　较小的 K_M^a 值表示固定的酶与底物分子间有很高的亲和力，意味着酶有较高的活性，用双倒数作图法计算出的 K_M^a 为 0.947 mmol/L。

$C_{Ch}(1\sim10)$: 0、0.10、0.30、0.50、0.80、1.00、1.50、2.00、2.50、3.00 mmol/L

　　Th 可与 $Fe^{3+/2+}$ 在酸性介质中组成光电池，在酸性介质中 O_2/H_2O_2 的电极电势约为 0.65 V，小于 Fe^{3+}/Fe^{2+} 的电极电势（0.77 V），氧化态的 Th^+ 在光照激发下，其基态能级 E^0 由 -0.03 eV 变至单重态能级 $E_{0-0}=2.03$ eV，可以氧化 H_2O_2，产生光致电化学效应。而激发态的 Th^{+*} 被电子供体 H_2O_2 还原，继而其还原态 Th 在电极上又被氧化，再次参与光致电化学反应，从而不间断地产生光电流。在底物 Ch 存在下，ChO_x 催化 Ch 生成电子供体 H_2O_2，所以在不需要过氧化物酶的情况下可以简单、灵敏、快速地测定 Ch 的量。光电界面对 H_2O_2 和 Ch 的响应原理可表示如下：

$$Ch + O_2 + H_2O \xrightarrow{ChO_x} C_5H_{11}NO_2 + 2H_2O_2$$

$$Th^+ \xrightarrow{h\nu} Th^{+*}$$

$$Th^{+*} + H_2O_2 \longrightarrow Th + O_2 + H^+$$

$$Th - e^- \longrightarrow Th^+$$

　　当 H_2O_2 将 PTh 光电界面的 Th^{+*} 还原后，回到基态的 Th 必须被氧化为 Th^+ 才能再度吸收光能而成为激发态的 Th^+，再次与 H_2O_2 发生电子转移反应，循环往复，从而产生不间断的光电流。所以需要在光电界面上施加一个合适的偏压让 Th 失去电子，同时用该电势下测得的电流强度标度光电流的大小。虽然 ChO_x-CS/PThE 的循环伏安曲线表明其阳极峰电势为 0.032 V，但考虑到 ITO 电极的半导体性质和超电势的影响，从实验获得一个合适的偏压是较好的选择。在相同浓度电子供体的存在下，当从 0.10～0.50 V 每隔 0.10 V 依次调高偏压时，观察到光电流随之同步增大。当设定的偏压大于 0.50 V 时，光电流强度没有明显的增加。因此将偏压固定在 0.50 V。由于 Th^+ 吸收光能而生成 Th^{+*}，激发光的强度对光电流的大小有较强的影响。保持其他实验条件不变，通过改变光程，分别使到达光窗的光强为 7.0 mW/cm^2、9.0 mW/cm^2、11 mW/cm^2、13 mW/cm^2 和 15 mW/cm^2，发现光电流随光照的增强而显著增加。由于饱和光电流与光强成正比，从而间接验证了 PThE 与 H_2O_2 的反应为光致电化学反应。

　　传感器对 Ch 的测定有较好的重现性。同一传感器对浓度为 1.0 mmol/L 的 Ch 溶液进行 5 次连续测定，其结果的相对标准偏差为 4.7%。相同条件下制得的 5 个传感器，其响应的相对标准偏差为 5.9%。制备的传感器避光保存在 PBS 的上方，经逐日测试发现，两周内传感器对 Ch 的响应在 95%～100%，而后响应缓慢下降，20 天后传感器仍能保持原有响应的 80%。

　　Ch 在含有卵磷脂的商品中是以磷脂酰胆碱（PC）的形式存在的，PC 可在磷脂酶 D（PLD）的作用下水解成游离的胆碱，通过对胆碱的检测可以测定卵磷脂中 PC 的含量。对样品的预处理采取传统的溶剂法，即利用 PC 不溶于丙酮而溶于乙醇的性质，用丙酮和乙醇两种溶剂从卵磷脂中提取 PC，再将其水解成 Ch 后测定。准确称取商品卵磷脂颗粒 500 mg，放于圆底烧瓶中，加入丙酮 100 mL，电动搅拌器加热搅拌一定时间后过滤，将滤出物真空干燥后用无水乙醇溶解，静置一段时间后取上部清液加入 PLD，35℃条件下搅拌 15 min，以确保 PC 完全水解为 Ch。将样品试液用电解液稀释，测定含量，并加入 PC 做回收实验。对 3 种样品的测定结果见表 4-1。

表 4-1 卵磷脂样品中磷脂酰胆碱含量的测定结果

样品	测得量 /mg·g^{-1}	相对标准偏差 RSD（%，$n=5$）	加大量 /mg·g^{-1}	测得总量 /mg·g^{-1}	回收率 /%	样品标示量 /mg·g^{-1}
1	196	4.55	50.0	244	96.0	223
2	242	4.82	100	345	103	240~250
3	237	3.94	100	336	99.0	≥250

4.2.3 基于复合材料的光致电化学传感器

半导体材料的光电转换效率的提高有利于增大所制备的光电化学传感器的灵敏度。对于单一材料来说，电子-空穴生成后的再复合会降低材料的光电流。将两种材料复合后，能够降低电子和空穴的复合概率，因而将得到更高的光电转换效率。图 4-19 以三联吡啶合钌配合物-TiO$_2$ 复合材料为例，说明复合材料提高光电转换效率的工作原理。复合材料的光电转换原理与自然界的光合作用相似，通过有效的光吸收和电荷分离而把光能转变为电能。由于 TiO$_2$ 的禁带宽度较大，可见光无法将其直接激发，在电极表面吸附的联吡啶钌分子可以拓宽吸收光波长

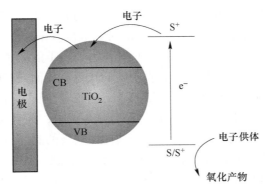

图 4-19 三联吡啶合钌配合物-TiO$_2$ 复合材料的光电流产生示意图

S—联吡啶钌配合物

范围，吸收可见光而产生电子跃迁。联吡啶钌分子的激发态（S^*）能级高于 TiO_2 的导带，所以电子可以快速注入 TiO_2 层，并在导带基底上富集。然后通过外电路流向对电极，形成光电流。联吡啶钌分子输出电子后成为氧化态（S^+），随后它们又被电解质中的电子供体还原而得以再生，循环往复，维持着这个光电转换过程。在联吡啶钌配合物-TiO_2 复合材料中，由于光生电子形成后迅速转移到 TiO_2 的导带上，从而减少了电子-空穴的复合概率，使光电流增大。

4.3　场效应晶体管电化学生物传感器

利用 FET 作为换能器制备的化学传感器称为场效应管电化学传感器。使用的 FET 包括金属-绝缘体-半导体场效应晶体管和金属-氧化物-半导体场效应晶体管。随着分析化学和生物医学工程研究的发展，场效应管电化学传感器越来越为人们所关注，是因为它有着诱人的特性：

（1）灵敏度高，响应速度快，易与外接电路匹配，使用方便；

（2）可采用集成电路工艺制造，易微型化，成本低，适于批量生产；

（3）在化工、食品、医疗、环境监测中有一定的应用前景；

（4）利用 FET 的高度集成化，可研制适合于人体体内测量，在生命科学工程领域有着重要意义的生物芯片。

离子敏感场效应晶体管（ISFET）是研究开发最多的场效应管电化学传感器，它的结构与去掉金属栅极的 MOSFET 极为相似，其敏感膜绝缘栅极直接与试液接触，绝缘层-电解液界面的电势与电解液中离子浓度有关，溶液中离子浓度的变化将引起 ISFET 器件阈值的改变，经放大后驱动显示和控制电路。ISFET 传感器绝缘敏感栅的选择一般具备以下三个性质：

（1）钝化硅表面，减少界面态和固定电荷；

（2）具有抗水化和阻止离子通过栅材料向半导体表面迁移的特性；

（3）对所检测离子具有选择性和一定的灵敏度。采用一种材料满足以上全部要求是不可能的，因此用双层或三层材料作为 ISFET 的栅是不可避免的，也是极为必要的。多年来对硅材料的研究表明，SiO_2 是硅表面最好的钝化材料。抗水化和离子迁移材料的选择通常依赖于微电子工艺兼容性及膜附着性，如无机绝缘材料 Si_3N_4、Al_2O_3、Ta_2O_5 等，不仅可以符合这一要求，而且对 H^+ 有较高灵敏度和选择性，目前已被广泛采用。利用离子选择性电极的制膜技术与 MOST 技术相结合，制备出的各种 ISFET 传感器，对许多样品敏感，从简单的阳离子（H^+、K^+、Na^+、Ca^{2+}）和阴离子（X^-、NO_3^-）到生物分子（葡萄糖、尿素）等。

ISFET 传感器按敏感层的敏感机理基本上可以分成三类：阻挡型界面绝缘体、非阻挡型离子交换膜、固定酶膜。所有 ISFET 传感器的硅表面钝化层和防水化层是相同的，所不同的仅是离子敏感层的表面。阻挡型界面绝缘体包括不水化的无机绝缘体 Si_3N_4、Al_2O_3、Ta_2O_5 及疏水性聚合物，如聚四氟乙烯（Teflon）和聚对二甲苯（Parylene）。由于电解液-绝缘层（E-I）界面完全阻挡，因此 E-I 界面无质量和电荷传输。E-I 界面电势由绝缘层表面吸附带电离子和电解液中反号平衡电荷所决定。

非阻挡型离子交换膜包括传统 ISE 通常使用的材料，如固态膜、液膜、掺杂玻璃膜等。电解液-离子交换膜界面电势由溶液中离子浓度和膜内离子浓度之差所决定，平衡时化学势相等。由于非阻挡型离子交换膜-电解液界面有质量和电荷经表面传输至膜体内，所以其界面电势的理论完全不同于阻挡型绝缘体-电解液界面理论。

固定酶膜由聚合物基质（如 PVC）和酶（如葡萄糖氧化酶）组成，也称酶 FET 或 ENFET。溶液中被测物质与酶作用并释放某种可以被 ISFET 敏感的产物（如 H^+），从而实现对生物分子的检测，在众多的 ISFET 中以 H^+ 敏感 ISFET 最为基本和重要。

目前在实验室或工业上大部分使用玻璃电极作为传感器件。玻璃 pH 电极有很高的内阻，一般来说，在它适应温度的上限，内阻为十几兆欧姆，而在它适应温度的下限，内阻则接近一千兆欧姆，其变化将近一百倍，这样高的内阻且变化范围这么大，必然给准确测量电极的电动势带来一定的困难。对于任何一个放大器件，在它的输入端接上电动势后，总要消耗一定的电流，也就是说，在放大器与电极之间存在一定的有限的阻抗，通常称为"输入阻抗"。对于采用玻璃 pH 电极作为传感器的 pH 计来说，输入阻抗不高必然会给测量结果带来误差。选用具有 FET 输入级的集成运算放大器作放大器件，虽然输入阻抗可达 $10^{12}\,\Omega$ 数量级，能直接与电极偶合，但在实际使用中常因天气或使用环境较为潮湿，造成电极信号传输电缆和插头插座受潮，从而降低 pH 计的输入阻抗，测量结果出现误差。在线使用的工业 pH 计，由于玻璃电极的内阻高，给传感器与测量仪表之间的传输带来许多不便。为防止外界干扰，传输电缆必须安装在钢管中并要求钢管良好接地以作屏蔽。测量仪表也要求安装在远离强电磁场的地方并良好接地，否则 pH 计的显示将出现跳字现象。

为解决上述问题，新一代 pH 传感器——ISFET 固态 pH 传感器应运而生。它的基体是 N 型 Si 晶片，在 Si 晶片上做成两个 P^+ 型源及漏扩散区，形成 P 沟道 MOS 场效应晶体管。然后用氢离子敏感膜代替 MOSFET 的金属栅，图 4-20 即为 ISFET 固态 pH 传感器及其工作电压偏置示意图。当敏感膜与试液接触时，由于氢离子的存在，在敏感膜与溶液界面上产生能斯特响应：

$$E = E^0 + 2.303RT/F \cdot \lg a_H \tag{4-3}$$

这个电势控制 P 沟道的导电性，使漏源电流发生变化，从而实现对氢离子活

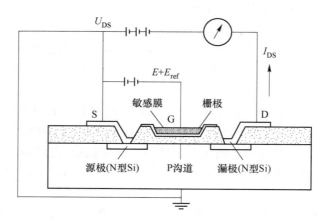

图 4-20　ISFET 固态 pH 传感器及其工作原理

度的检测，测出 pH。由 MOSFET 的基本原理可知，使漏源电流发生变化的重要
参数之一是阈值电压，因源极接地，这里的阈值电压就是指漏源之间刚好导通时
的栅源电压。对于 ISFET 固态 pH 传感器，栅源电压 U_{GS} 与阈值电压 U_T 可分别由
下式表示：

$$|U_{GS}| = |E + E_{ref}| \qquad (4\text{-}4)$$

$$|U_T| = |E + E_{ref}| - |\Delta E| \qquad (4\text{-}5)$$

式中，E 为 ISFET 膜电势；E_{ref} 为参比电势；ΔE 为源极与敏感膜间的电势增量。
对于给定的 ISFET 和参比电极，ΔE 可表示为

$$\Delta E = K \cdot pH \qquad (4\text{-}6)$$

式中，K 为斜率，数值为 2.303RT/F。将式（4-6）代入式（4-5），可得

$$|U_T| = |E + E_{ref}| - |K \cdot pH| \qquad (4\text{-}7)$$

　　图 4-21 为 ISFET 固态 pH 传感器输出特性曲线。由图可知，在非饱和区（图
中以虚线为界），当 $|E + E_{ref}| > |U_T|$ 和 $U_{GS} = 0$ 时，就会形成沟道，漏源电流随
漏源电压 $|U_{GS}|$ 增加而增加。当 $|U_{GS}|$ 增大至 $|U_{GS}| > |E + E_{ref}| - |U_T|$ 后，
$|U_{GS}|$ 的增加并不明显地引起漏源电流的增加，这时可认为电流饱和了。实际应
用时，应避开饱和区。因此，漏源电流 I_{GS} 的测量范围只能是一个有限的范围。
这个电流与电压间的定量关系可由下式表示：

$$I_{GS} = \mu CW/2L \cdot [2(|E + E_{ref}| - |U_T|) \cdot |U_{GS}| - |U_{GS}|^2] \qquad (4\text{-}8)$$

式中，μ 为表面电荷迁移率；C 为单位面积栅绝缘膜电阻；W 为沟道宽度；L 为
沟道长度。将式（4-7）代入式（4-8）并简化，可得

$$I_{GS} = \mu CW/2L \cdot (|K \cdot pH| - 1/2 \cdot |U_{GS}|) \cdot |U_{GS}| \qquad (4\text{-}9)$$

　　由式（4-9）可见，漏源电流 I_{GS} 与溶液的 pH 呈线性关系。当漏源电压 U_{GS}
恒定时，测量 I_{GS} 的变化，即可以测定相应的 pH。

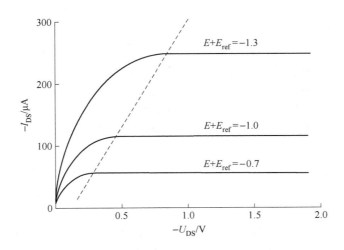

图 4-21　ISFET 固态 pH 传感器输出特性曲线

从采用各种敏感物质的 ISFET 固态 pH 传感器的特性来看，对 H^+ 的敏感程度 $Ta_2O_5 > Al_2O_3 > Si_3N_4 > SiO_2$，选择性很好，几乎没有碱金属离子的影响。商用 ISFET 固态 pH 传感器主要技术参数为：

测量范围:pH 0 ~ 14

测量精度:pH ± 0.02

温度范围: 0 ~ 85 ℃

这种 pH 传感器同工业 pH 计配合使用，因为抗干扰能力强，在线使用方便，效果很好。

基于 ISFET 的气体传感器是场效应管电化学传感器的一种重要类型。早期的这种传感器与传统的气体传感器一样，有隔离室的构造。例如，一个微型的 CO_2 传感器由一个 pH-ISFET 和一个薄膜 Ag-AgCl 参比电极（或 Au、Cr/Au、Ti/Ag/Au，确切地应称为辅助电极）组成。用一层含有碳酸氢盐的水溶胶覆盖 pH-ISFET 和 Ag-AgCl 电极，水溶胶将 pH-ISFET 和 Ag-AgCl 电极隔离。在水溶胶的外面用聚硅氧烷透气膜把水溶胶与试样隔开，CO_2 分子透过聚硅氧烷膜扩散进水溶胶层，通过 pH-ISFET 检测 pH 的变化而测定 CO_2。但是存在以下问题：这种 CO_2 传感器的电阻抗非常高，需要通过电沉积和把 Ag-AgCl 参考电极做在 pH-ISFET 的旁边；金属膜电极由于与电解液接触，输出信号不稳定；半导体的热敏感性会使传感器的线性响应产生偏移；另外，光还可能导致半导体的 P-N 结漏电。因此后来采用差分技术克服上述问题。这种技术是在制备敏感 ISFET 的同时，集成一只对敏感离子（被测量物质）灵敏度低的 ISFET（又称 REFET）作为参考。基于差分测量的理论，在一个芯片上两个相邻同类型半导体有同样的工作特性。当贵金属膜辅助电极电位随电解液组分变化时，对于两只 ISFET 是同相干扰信号，经差分放大后被消除，达到稳定测量信号的目的。此外，差分测量结构还可以抑制温度、噪声等共模信号的干扰。贵金属膜辅助电极和差分测量结构同样起到参考电极的作用，还适于微型化、集成化和批量生产。

　　然而，差分 ISFET 气体传感器在内部必须有两个参考电极，制备比较麻烦，更重要的是气体透过膜的高阻抗问题依然如故。而图 4-22 所示的低阻抗气体透过膜差分 CO_2 传感器及其测量装置能很好地解决这些问题。这种新型的差分 CO_2 传感器在结构上比较简单，主要是利用一种低阻抗的透气膜——一种含有离子配位剂的单组分硅橡胶作为透气膜。传感器的具体构造是用一个基板上的两个 pH-ISFET 分别制备 pCO_2-FET 和 REFET。在 pCO_2-FET 上以传统的方法覆盖厚度为 $10 \sim 20~\mu m$、直径为 $0.4 \sim 0.6~mm$ 的水溶胶作为接收器。水溶胶是由含有 4% PVA、5 mmol/L $NaHCO_3$ 和 0.5 mmol/L NaCl 的水溶液制成。而 REFET 则没有这个水溶胶覆盖层，CO_2 分子的扩散不会引起 REFET 的 pH 变化。在 pCO_2-FET 覆盖的水溶胶和作为 RE-FET 的 pH-ISFET 上制备硅橡胶层，即透气膜。它由 0.8% 的缬氨霉素、77.7% 的硅橡胶和 21.5% 的增塑剂溶解在体积（μL）2 倍于硅橡胶质量（mg）的 THF 中，取 $15 \sim 20~\mu L$ 调制好的这种溶液展开，蒸发溶剂，硬化 24 h 后，使之形成厚度为 $10 \sim 20~\mu m$、直径为 $1.0 \sim 1.2~mm$ 的透气膜。将膜覆盖于 pCO_2-FET 的水溶胶上和 REFET 的栅极上，由于新型的透气膜含有离子配位剂，充分降低了 ISFET 的阻抗，所以参比电极能像普通电极一样直接放在试样中。分别相对于参比电极的两路信号被测量后送入差分放大器。这样，两个 ISFET 产生的线性漂移被校正，两部分膜所产生的电势漂移也被校正，同时使其他离子的干扰降到最低。这种 pCO_2 传感器的响应斜率为 41 mV，线性范围为 $0.13 \sim 13~mmol/L$，检测下限为 0.03 mmol/L。

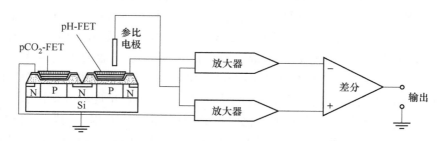

图 4-22　低阻抗气体透过膜差分 CO_2 传感器及其测量装置

5   光化学生物传感器

光化学生物传感器是利用感受器的敏感膜与被测物质相互作用前后物理、化学性质的改变而引起的光谱传播特性的变化来检测物质的一类传感器。光化学生物传感器与其他原理的传感器相比,它的非接触和非破坏性测量具有安全性好、可远距离检测、分辨力高、工作温度低、耗用功率低、可连续实时监控、易转换成电信号等优点。

5.1   化学修饰玻璃材料

化学修饰光器件不同于修饰电极,首先无论怎样对它进行修饰,都必须保证它的光传输能力,修饰后的光器件在信息交换时还要有信号解读性,所以被修饰基体就被限定为光器件。因此早期的工作大多以平板玻璃或管状玻璃为修饰基体。1984 年以色列化学家首先将显色剂罗丹明 6G 同硅烷醇混合,涂在平板玻璃上,实验比较了罗丹明 6G 溶液和罗丹明 6G 修饰光器件在光照时的性能。结果显示罗丹明 6G 修饰光器件的光分解速率远小于罗丹明 6G 溶液的光分解速率。后来他们又用酸碱指示剂以同样的方法制备了 pH 光传感器件,其化学识别能力与酸碱指示剂溶液没有什么区别。图 5-1 为以酸碱指示剂制备的 pH 光传感器件及其光谱响应。光纤在化学领域的应用扩展了光器件的范围,使修饰方法丰富起来,从以前只限于光吸收和发光的信号解读方式,发展成光反射、折射、波导等

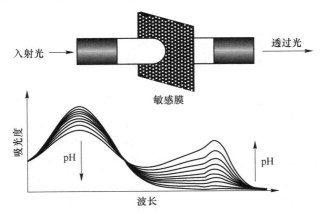

图 5-1   以酸碱指示剂制备的 pH 光传感器件及其光谱响应

多种方式。

　　制备化学修饰光器件的关键是在光器件基体表面固化一层含有敏感分子的膜，最简单的方法是将膜固化在玻璃上。1994 年，Dunuwlla 等利用一种羧酸钛凝胶包埋金属卟啉配合物制备了检测 CN⁻ 的传感光器件。第一步，首先将四（5-氟基酚）卟啉铁（Ⅲ）（PFPP）溶解在戊酸中，接着加入异丙醇钛（Ⅳ）；然后在强力搅拌数秒钟后加入水，并再一次搅拌混合液；最后加入乙醇，制备成制膜溶胶。在制膜溶胶中，PFPP 相对异丙醇钛（Ⅳ）的物质的量比为 0.008，戊酸为 9.0，水为 1.5，乙醇为 40。这种制膜溶胶在使用前至少要老化 24 h 并保持一周。第二步，在通风的条件下，在 1 cm × 1 cm 的显微镜载片上滴涂上制膜溶胶并保持 3 min，然后在 200 ℃ 干燥 1 min 即可制得这一敏感器件。当将其置于含有 CN⁻ 的试液中时（图 5-2），由于敏感分子与 CN⁻ 的相互作用，PFPP 的最大吸收波长发生红移，红移前后 A_1 与 A_2 的比值 A_1/A_2 为 40 ~ 25000 μg/mL 与试液中 CN⁻ 的浓度具有线性响应。

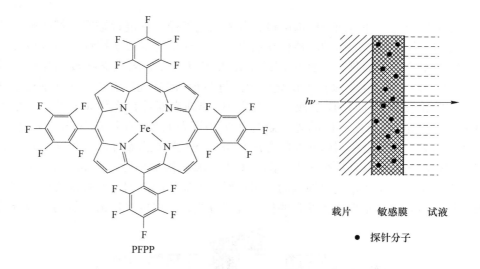

PFPP

载片　　敏感膜　　试液

● 探针分子

图 5-2　PFPP 和化学修饰的显微镜载片

　　图 5-3 是一种化学修饰波导管（IOW）示意图，下部为化学修饰波导管，上部的椭圆形为放大的波导管敏感部位。在化学修饰波导管中，最底部的部分是玻璃基体；在它的上部是由溶胶-凝胶法制成的含有二氧化钛的玻璃膜，是波导层；波导管上部是有进出口的试液流动池；波导管中部是由溶胶-凝胶法制成的含有二甲酚橙（XO）的敏感层，它是用混合甲基三乙氧基硅烷（MtES）、二甲酚橙、乙醇和少许盐酸水溶液老化 24 h 后以溶胶-凝胶法浸涂在波导层上制备的。当样品试液 Pb²⁺ 经入口进入试液流动池后与敏感膜的二甲酚橙反应生成紫色的配合

物，该配合物的最大吸收波长在 590 nm。同时 590 nm 的激光经棱镜入射至波导层中，由于入射角度的关系，经过波导层本应全反射（ATR）的入射光被上部敏感层数次吸收后，吸收度被光电管所检测解读出光强度信号，从而完成对试样的识别。因为入射光经敏感层的数次折射吸收，波导管能满足很宽浓度范围内铅样的测定。

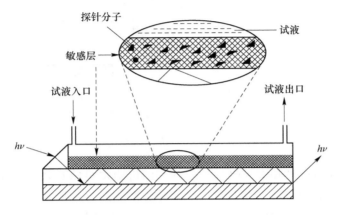

图 5-3   化学修饰波导管示意图

5.2   光纤生物传感器

　　光纤生物传感器一般由光源（或无光源）、光纤、探头、检测器以及数据处理装置组成。它的心脏部分为探头，是指安装在光纤端部或一段光纤芯部的试剂相装置，通常由称作分子探针的敏感试剂、固定相支持剂和其他辅助材料等制成。分子探针的光学性质（如光谱、光强、偏振或折射等）变化通过光纤传输至检测系统。光纤生物传感器的信号不受电磁干扰，一般不需要参比，其直径可以小于 1 nm，可直接放入血管、活体组织和细胞等非整直窄小的空间，并不影响生物体的电生物化学性质。所以光纤生物传感器的应用研究在医药卫生领域取得了很大收获，最成功的例子就是由计算机控制、自动定时监测血糖并有自动补给胰岛素功能的 FOCS 的问世，该装置具有相当于人工胰脏的功能。

5.2.1   光纤型酶传感器

　　光纤型酶传感器的传感原理如图 5-4 所示，这类传感器利用酶的高选择性，使待测物质（底物）从样品溶液中扩散到酶催化层，在酶的催化下生成一种待检测的物质；当底物扩散速率与催化产物生成速率达成平衡时，即可得到一个稳定的光信号（如发光、荧光、吸光度等），依据相应的光物理化学原理，根据信号的大小与底物浓度的函数关系，底物的浓度能被测定。例如，利用固化的酯酶或脂肪酶形成的酶催化层对底物进行分子识别，再通过产物的光吸收对底物的浓度进行生物传感，就是根据下述反应：

$$对硝基苯磷酸酯 + H_2O \xrightarrow{\text{碱性磷酸酶}} 对硝基苯酚 + H_3PO_4$$

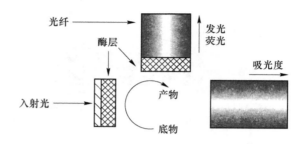

图 5-4　光纤型酶传感器传感原理

测量在 404 nm 波长下光吸收的变化，即可确定对硝基苯磷酸酯的含量，线性范围为 0 ~ 400 μmol/L。生物体内许多酯类和脂肪类物质都可用类似的传感原理进行测定。目前，研究和应用最多的当属检测 NADH 的光纤光学型酶传感器。这类传感器的探头基于脱氢酶进行分子识别。图 5-5 的左图是一个用双股光纤制作的荧光生物传感器的探头，用于检测乳酸盐（lactate）和丙酮酸盐（pyruvate）或酯。左侧是探头的整体构造，双股光纤中的一股用于激发光的射入，另一股用于检测荧光；下部是用 LDH 和聚酰胺纤维（Nylon）制成的敏感膜，固定在探头底端。图 5-5 的右图为敏感膜的细微构造及原理示意图。在含有乳酸的试液中加入氧化型烟酰胺腺嘌呤双核苷酸（NAD$^+$），当 pH 值为 8.6 时，在探头中固定化乳酸脱氢酶的催化作用下，乳酸盐与 NAD$^+$ 接触后，发生如下反应：

$$乳酸 + NAD^+ \xrightarrow{\text{乳酸脱氢酶}} 丙酮酸 + NADH + H^+$$

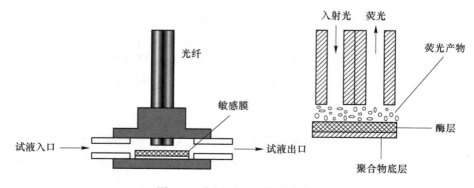

图 5-5　光纤 NADH 荧光传感器

生成的 NADH 可用荧光法进行检测。激发波长为 350 nm，荧光发射波长为 450 nm，荧光强度与乳酸含量成比例，测定范围为 2～50 μmol/L，检测下限为 2 μmol/L，相对标准偏差为 5%，响应时间 5 min。此反应是可逆的，提高溶液 pH 值有利于 NADH 的生成。当溶液 pH 值为 7.4 时，上述反应逆向进行，在含有丙酮酸的试液中加入少量 NADH，则可根据生物催化层中荧光信号的降低测定丙酮酸的含量，测定范围为 0～1.1 mmol/L，检测下限为 1 μmol/L。

在生物催化层中生成的 NADH 也可利用偶合的黄素单核苷酸（FMN）产生生物发光反应，通过光导纤维进行传感测定。在该传感器中，生物催化层由固定化谷氨酸脱氢酶、NADH、FMN 氧化还原酶和海生细菌荧光素酶混合制成。

5.2.2　光纤免疫传感器

在光纤免疫传感器中，光学信号的获得既可用标记法也可以不用。不需要标记的光纤传感器占目前使用的光纤免疫传感器中相当大一部分，包括光的吸收、发射、反射、光纤波导等。

酶可用来标记抗原并催化光活性物质产生荧光或磷光，应用这一原理的光纤免疫传感器灵敏度很高，不需要光源，大大简化了设计。但因为光强度较弱，需要光电倍增管或灵敏的半导体光电器件。借助于光导纤维，可以使这类光纤免疫传感器的体积更小，以利于在体检测。图 5-6 是一个单光纤化学发光免疫传感器的构造和传感原理示意图，抗体被固化在光纤的顶端，然后让定量的过氧化氢酶标记的抗原与抗体结合；当传感探头接触样品后，样品中的抗原会部分置换标记的抗原而与抗体结合；最后传感探头放入含有鲁米诺的溶液中，过氧化氢酶催化鲁米诺发生发光反应，光信号强度与样品中的抗原浓度成反比。借助于化学发光的光纤免疫传感器已用于抗原和抗体的测定，如雌二醇、α-干扰素、IgG 和抗流感病毒抗体。

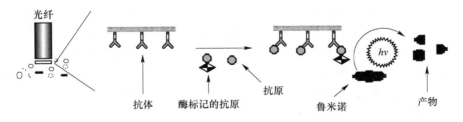

图 5-6　单光纤化学发光免疫传感器的构造和传感原理示意图

在进行抗原和抗体分析时多采用"三明治"的夹层方法：如将 IgG 抗体固定在光纤末端，在与 IgG 反应 15 min 后，再与荧光蛋白标记的 IgG 抗体反应，由荧光蛋白荧光性质的变化来检测 IgG 的浓度。

　　图 5-7 是基于荧光能量转移的茶碱光纤免疫传感器原理图。将一段 5 mm 长、一端用氰基丙烯酸胶黏剂密封的渗析管套在双股光导纤维的公共端，内装用得克萨斯红（TR）标记的茶碱单克隆抗体（TR-Ab）和 B-藻红朊（BPE）标记的茶碱（THEO-BPE），两者又通过免疫反应结合成复合物。在此复合物中，THEO-BPE 在 514 nm 波长的光激发下产生的 577 nm 荧光，通过能量转移给 TR-Ab 并造成荧光淬灭。试样中的茶碱透过渗析膜进入分子识别系统后将竞争抗体的键合位置，使一部分 THEO-BPE 被释放出来，达到反应平衡后，荧光强度增加，其增加值与试样中茶叶碱的浓度成正比。传感器对茶碱的测定范围为 0 ~ 300 pmol/L，且有很好的可逆性。

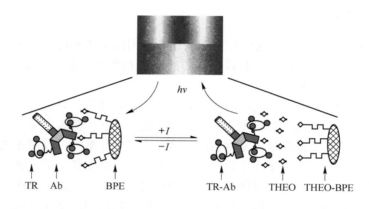

图 5-7　茶碱光纤免疫传感器原理图

　　非标记光学传感技术即利用光学技术直接检测感受器表面的光线吸收、荧光、光散射或折射率 n 的微小变化，特别是将化学修饰波导管应用在免疫传感器技术中，具有很好的发展前景。它的原理（图 5-8）是基于内反射光谱学。它由两种不同折射率的介质组成，高折射率的介质通常为玻璃棱镜，低折射率的介质表面固定有抗原或抗体，低折射率的介质与高折射率的介质紧密相接。当一条入射光束穿过低折射率的介质射向两介质界面时，会折射入高折射率介质。如果入射光角度超过一定角度（临界角度），光线就会在两介质界面处全部内反射回来，同时在低折射率的介质中产生一高频电磁场，称消失波（或损耗波）。该波沿垂直于两介质界面的方向行进很短的距离（小于或等于单波长），其场强以指数形式衰减。样品中存在的抗体或抗原若能与低折射率介质上的固定抗原或抗体结合，便会改变介质表面的原有结构，而与消失波相互作用使反射光强度减小，因此光强度的减小反映了界面上出现的任何折射率的变化，且与样品中抗体或抗原的质量呈正相关。在图 5-8 中消失波层的范围是 50 ~ 1200 nm，该距离大于抗体修饰层的厚度，抗原与抗体结合后消失波的吸收与散射发生变化。这种光学传感器相对于间接技术有一个优点，即光线检测所需的测试仪器更为简单，但灵敏度较低。因此在一些情况下，人们把两种技术的最佳特性结合起来提高灵敏度，如使用荧光标记的表面等离子共振（SPR）传感器。

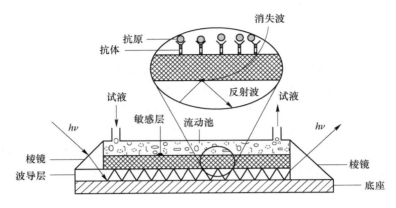

图 5-8　化学修饰波导管免疫传感器

5.2.3　光纤 DNA 传感器

　　光纤 DNA 传感器是 DNA 生物传感器中发展较晚、技术较新的一类光纤生物传感器，是一种对特殊基因快速检测的新技术。光纤 DNA 传感器具有特异性很强的分子识别能力，操作简便、分析速度快、无污染、检测灵敏度高。光纤 DNA 传感器一般由支持 DNA 探针的光纤或光纤束和将光信号转变为电信号的检测装置组成，它采用石英光纤作为 DNA 探针的基体，DNA 探针经修饰技术被固化在光纤上，杂交反应前后引起靶序列标记物的特征光学信号（荧光、发光、颜色等）变化，通过光纤探头传递至光检测器，从而测定出被杂交 DNA 分子（含目的基因）的量。

　　DNA 探针是一段 ssDNA 片段，其长度从十几 bp 到几个 kb 不等，它与靶序列是互补的。在实际应用中，一般采用人工合成的寡核苷酸作为 DNA 探针。通常将光纤表面进行修饰，然后把 ssDNA 共价键在光纤表面构成光纤 DNA 探头。由于 ssDNA 与其互补链杂交的特异选择性，这种光纤 DNA 探头具有很强的分子识别功能。在适当的温度、时间和离子强度下，光纤表面的 DNA 探针能与标记的靶序列选择性杂交，形成表面的 dsDNA。由于形成的 dsDNA 本身表现的物理信号（如光、电等信号）的改变是较弱的，因此在大多数情况下还必须在 DNA 分子中加入一定的杂交指示剂（标记物）进行信号转换与放大，把杂交后的 DNA 含量通过换能器表达出来。

　　光纤 DNA 生物传感器的构建与检测过程一般步骤是：

（1）光纤表面的功能化，通过化学反应使光纤表面适合于连接上敏感膜材料；

（2）载体膜与 DNA 探针的固定，DNA 探针的活化；

（3）样品 DNA 分子的变性（使 DNA 分子解旋成单链 DNA，靶序列）和标记；

（4）杂交与检测；

（5）敏感膜的再生，即利用化学试剂或升高温度，使光纤表面已杂交的双链 DNA 分子变性解旋，恢复为单链，以便重新使用。

根据所选光学和检测材料的不同，光纤 DNA 传感器也可分成许多种类。目前的光纤 DNA 传感器主要有光纤式、光波导式、表面等离子共振式等类型。这类传感器的关键和通常所遇到的问题是 DNA 的固定化方法和杂交指示剂的选择。

DNA 在光纤表面的固定化方法基本上可分为两大类：一类是原位合成；另一类是共价交联。原位合成适用于寡核苷酸，共价交联多用于大片段 DNA，有时也用于寡核苷酸。

原位合成法：首先在光纤表面用 3-氨基丙基三乙氧基硅烷延伸，表面生成氨基和 1,10-丁二酸葵二脂，与 N-羟基琥珀酰亚胺、5′-邻-二甲氧基三苯基-2′-脱氧胸腺嘧啶核苷反应的产物交联，从而得到一个核苷功能化的脂肪长链分子。然后在光纤表面用固相磷酸铵合成法逐步合成出 ssDNA。也可用 3-缩水甘油丙基三甲氧基硅烷在光纤表面硅烷化，再把人工合成的二甲氧基三苯基-6-(1,2-亚乙基二醇）偶联上去，光纤表面及延伸的长链羟基用氯代三甲氧基硅烷封闭，最后同样用固相磷酸铵合成法在光纤表面逐步合成出 ssDNA。

共价交联法：共价交联是将合成好的探针、基因组 DNA 通过在光纤表面进行化学修饰，以便装上一个合适于固定化的功能团，再通过具有双功能团的物质把 DNA 共价键合在光纤表面。最常见的方法是首先在光纤表面用 3-氨基丙基三乙氧基甲硅烷修饰，产生游离的氨基。然后，用双功能试剂戊二醛把 DNA 共价交联在光纤表面。如用 3-氨基丙基三乙氧基硅烷或巯基甲基二甲基乙氧基硅烷使光纤硅烷化，氨基硅烷化的光纤表面用磺基琥珀酰亚胺-6-(生物素酰胺基）乙酸（NHS-LC-生物素）交联，而巯基硅烷化的光纤表面则用生物素化的牛血清蛋白结合。用两种不同的硅烷化方法在光纤表面生物素化后，把亲合素或抗生素蛋白链菌素结合上去，最后再把生物素修饰的探针固定。也可采用两种不同的方法在光纤表面固定 DNA。第一种方法为生物素-亲和素交联法，将亲和素吸附在光纤表面，附有亲和素的光纤表面再用戊二醛把生物素标记的寡核苷酸交联在光纤表面。第二种方法是光纤表面用碳二亚胺吡咯活化，活化后的光纤表面再放入 EDC/DNA 的溶液中，通过 EDC 把 DNA 共价固定在光纤表面。

杂交指示剂主要有三种类型。第一类是金属配合物类杂交指示剂，较常用的此类金属离子有 Co、Os、Fe、Ru、Pt 等的配离子形式，常用的配合物为 2,2-联吡啶、邻菲咯啉、咪唑并邻菲咯啉、4,4-二甲基-2,2-联吡啶、二氮杂芴酮缩聚苯二胺、吡啶并邻菲咯啉等。第二类是染料类杂交指示剂，常用的染料类指示剂有双苯并咪唑类、亚甲基蓝、红四氮唑、乙锭类、中性红等。第三类是药物小分子类杂交指示剂，常用药物小分子有道诺霉素、阿霉素、色霉素、芥子霉素等，它们与 DNA 的相互作用，既可解释药物的药理学作用，又可作为杂交指示剂。

首次设计的 DNA 光学传感器就选择了石英光纤作为光学元件，光纤头经过活化后，首先在光纤表面共价连接上长链脂肪酸分子，其末端再连接上 5-O-二对甲氧基三苯基-2-脱胸腺嘧啶核苷。该亲脂"手臂"与光纤表面的硅烷共价结合，形成合成寡核苷酸链的固相支持物如图 5-9 所示。随后将光纤置入固相 DNA 合成仪中，在光纤表面脂肪酸分子末端的胸腺嘧啶基础上，合成含有 20 个胸腺嘧啶的寡核苷酸（dT20），这样探针可直接固定在光纤表面。随后将光纤置于杂交液中，与其互补序列（含有 20 个腺嘌呤的寡核苷酸 dA20）进行杂交。完毕后注入溴化乙啶（EB）染色，再用 Ar 激光器照射，激光荧光用摄像器材和计算机进行分析。光纤的另一端通过一个特制的耦合装置耦合到荧光显微镜中。测量时将固定有 ssDNA 探针的光纤一端浸入荧光标记的目标 DNA 溶液中与目标 DNA 杂交。通过光纤传导，来自荧光显微镜的激光激发荧光标记物产生荧光，所产生的荧光信号仍经光纤返回到荧光显微镜中，由 CCD 相机接收，获得 DNA 杂交的图谱。此法能够检测出 86 μg/L 的核酸，杂交过程大约需要 46 min，储存一年后光纤仍可使用。整个传感器装置如图 5-10 所示。

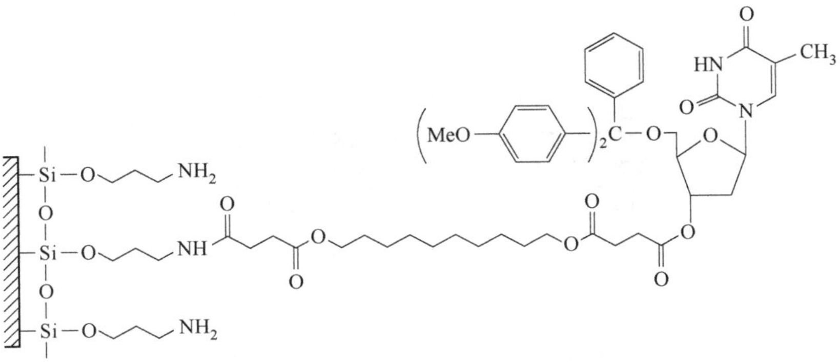

图 5-9 光纤表面的含有胸腺嘧啶的脂肪酸长链分子

20 世纪 90 年代初，英国的 Graham 等建立了消失波型光纤 DNA 传感器的一般构建方法和检测方法，研究了外界条件如溶液的 pH 值、温度、敏感膜在光纤上的位置等对分析结果的影响，同时对固定在光纤上的寡核苷酸的长度及在光纤

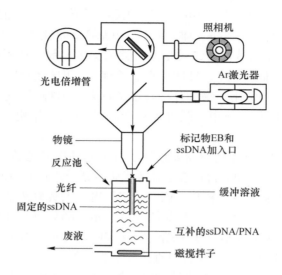

图 5-10　光反射型光纤 DNA 传感器装置

上杂交的机理进行了探讨。消失波型光纤 DNA 传感器也是近年来发展很快的一种光纤 DNA 生物传感器。消失波光纤 DNA 传感器利用消失波型换能器的性质，在消失波的波导表面上加上生物敏感膜（ssDNA 探针），当消失波穿过生物敏感膜时，或产生光信号，或导致消失波与光纤内传播光线的强度、相位或频率的改变，测量这些变化即可获得生物敏感膜上变化的信息。光源一般为激光器，检测系统有多种形式。消失波型光纤 DNA 生物传感器如图 5-11 所示。

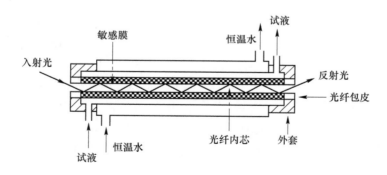

图 5-11　消失波型光纤 DNA 生物传感器

消失波型光纤 DNA 生物传感器检测范围一般在 1 ~ 10 nmol/L，也有资料报道为飞摩尔每升量级检测限。利用聚合酶链反应与消失波型光纤 DNA 传感器的偶联，纳摩尔每升量级的检测限适用于大多数的体外样品的分析，而响应时间基本上由 DNA 杂交时间来决定。

一种利用化学发光检测原理的光纤 DNA 传感器是将 ssDNA 探针通过 3-氨基丙三乙氧基硅烷和双功能试剂戊二醛固定在直径为 1000 μm 的光纤束一端的表面上，将该端面浸入含有 HRP 酶标记的互补 DNA 链的杂交液中杂交，待杂交完成后，把光纤端面放在能增强发光的发光液中，另一端插入光谱仪中，根据发光强度的不同检测 DNA 的杂交。该方法可检出靶序列的最低浓度为 10^{-10} mol/L。这种光纤 DNA 传感器与光纤免疫传感器很相似，检测原理都为化学发光，采用鲁米诺作为发光试剂，以 HRP 酶标记靶序列，底液中加入 H_2O_2，HRP 酶催化 H_2O_2 氧化鲁米诺，通过发光强度测定靶序列的量。

荧光光纤 DNA 传感器常用杂交嵌合剂作为标记物，它是一类能与 DNA 双链优势结合的物质，如吖啶染料、溴化乙啶及其衍生物等。特别是溴化乙啶，它与 DNA 结合后，荧光强度显著增加，并且它与 DNA 的双链区结合是专一的，利用它和各种构象的 DNA 结合比率不同所产生的荧光强度的变化，可以区分各种构象的 DNA。图 5-10 光反射型光纤 DNA 传感器就采用了溴化乙啶作为杂交嵌合剂。

对羟基苯并咪唑并[f]邻菲咯啉铁 {p-hydroxyphenylimidazo[f]1,10-phenanthroline Ferrum（Ⅲ），[Fe（phen）₂PHPIP]³⁺} 是一种人工合成的杂交嵌合剂（图 5-12），当它嵌入 DNA 的双螺旋结构中时，其荧光强度会显著增加（图 5-13），可利用其这一荧光特性，制备荧光光纤 DNA 传感器。

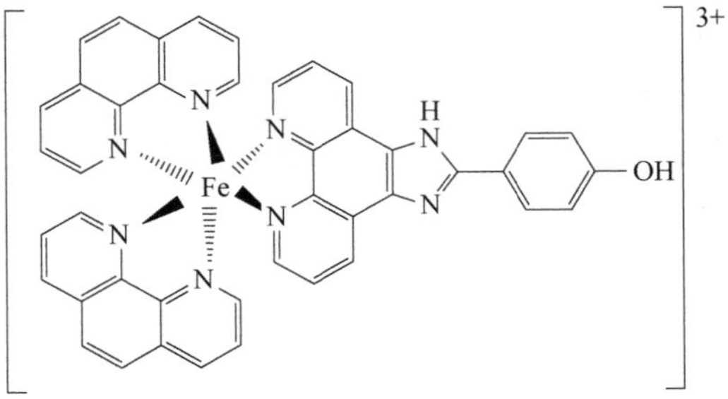

图 5-12 对羟基苯并咪唑并[f]邻菲咯啉铁

石英光导纤维的前期处理：

（1）用金相砂纸抛光光纤端面；

（2）先把抛光的光纤放在 65% 的 HNO_3 溶液中超声清洗 30 min，再用二次蒸馏水将光纤清洗至中性；

（3）把干净的光纤插到搅拌着的含有 600 μL 甲苯、60 μL 吐温 20、600 μL 二次蒸馏水和 600 μL 3-氨基丙基三乙氧基甲硅烷（APTS）的溶液中反应 15 min 后，再将其浸到二次蒸馏水中，完成氨基硅烷化；

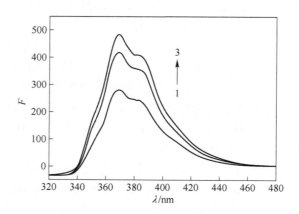

图 5-13　DNA 与 $[Fe(phen)_2PHPIP]^{3+}$ 的相互作用

DNA 浓度（mol/L）：1,0；2,4.7；3,9.4

（4）在室温条件下，将硅烷化的光导纤维插到含 0.1 mg/mL 生物素（HS-LC-biotin），pH 值为 8.5 的 0.1 mol/L 碳酸盐缓冲溶液中反应 3 h，进行生物素化；

（5）在 4 ℃ 的条件下，把光纤再插到含 2.5 mg/mL 亲和素、40 mg/mL 吐温 20 和 pH 值为 7.0 的 0.07 mol/L 磷酸盐缓冲溶液中孵化 12 h，完成亲和素化。

探针 DNA 的固定：在 4 ℃ 的条件下，把经过以上五步处理的光纤插入含 100 μg/mL 探针 DNA（biotin-5′-CAC AAT TCC ACA CAA C-3′,16-mer sequence, S_1）的 0.07 mol/L 的碳酸盐缓冲溶液（pH 值为 7.0）中孵化 12 h，最后将固定着寡聚核糖核苷酸的光导纤维浸泡到二次蒸馏水中保存备用。图 5-14 即为荧光光纤 DNA 敏感器件的示意图。

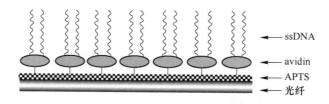

图 5-14　荧光光纤 DNA 敏感器件示意图

DNA 的杂交实验：将端面固定了探针 DNA（S）的 Y 型光纤探头用氮气吹干，然后按图 5-15 所示将其固定于避光反应池中，让其与靶序列 DNA（5′-GTT GTG TGG AAT TGT G-3′,16-met sequence, S_2）在 27 ℃ 恒温条件下，在磷酸盐缓冲溶液（0.2 mol/L，pH 6.0）中杂交 1 h。同样条件下，又选择与探针 DNA 碱基错配的 DNA（5′-CTG CAA CAC CTG ACAAAC CT-3′,20-mer sequence，S_3）与探针 DNA 进行杂交。

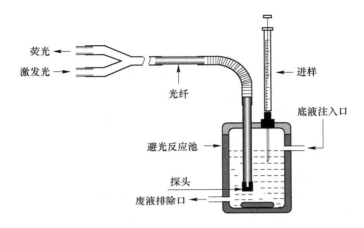

图 5-15　荧光光纤 DNA 传感器测量装置

荧光光纤 DNA 传感器对 DNA 杂交的响应：以对羟基苯并咪唑并［f］邻菲 咯啉铁配合物作为杂交指示剂制备荧光光纤 DNA 传感器。

综上所述，由图 5-16 中 a 线可以看出 S_1 修饰的光纤几乎没有荧光信号，而 与 S_2 杂交后在 368 nm 左右出现了荧光峰，如图 5-16 中 $c \sim g$ 线所示，与 S_1 修饰 的光纤在磷酸盐缓冲溶液中的荧光信号相比，互补的 ssDNA 杂交后，经 $[Fe(phen)_2PHPIP]^{3+}$ 嵌插后，光纤 DNA 传感器的信号比明显增强，这是由于 $[Fe(phen)_2PHPIP]^{3+}$ 分子六配位的八面体结构嵌插到双链 DNA 碱基对之间所

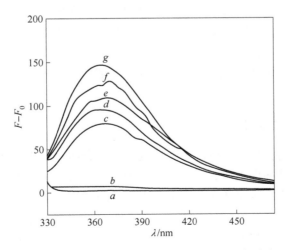

图 5-16　荧光光纤 DNA 传感器对 DNA 杂交的响应

致。如果使 S_1 光纤 DNA 探头与非互补的 S_3 杂交，按同样方法测定，如图 5-16 中 b 线所示，几乎没有荧光信号。由此可知该光纤 DNA 传感器能识别互补的 ssDNA，可用于互补 DNA 片段的测定。在 0.2 mol/L 的磷酸盐缓冲溶液（pH 6.0）中加入不同量的互补 DNA（S_2），与光纤 DNA 探头进行杂交，并进行荧光测定，考察通过靶序列 DNA（S_2）的浓度对杂交过程的影响后发现，随着 S_2 浓度的增加（图 5-16 中 $c \sim g$），荧光强度逐渐增大。荧光测定结果表明，荧光强度与 S_2（浓度在 $4.98 \times 10^{-7} \sim 4.88 \times 10^{-6}$ mol/L 范围内）呈良好的线性关系，在此浓度范围内的靶序列 DNA 可定量测定。光纤 DNA 传感器对互补 DNA 的响应的线性方程为 $y = 1.002 + 2.953x$（其中 y 为荧光强度，x 为靶序列 DNA 的浓度），相关系数为 0.9835。对样品连续进行 11 次的重复测定，计算所得的相对标准偏差为 4.2%，最低检测限为 1.08×10^{-7} mol/L。

传感器的再生：将杂交双链 DNA 修饰的光纤于 70 ℃水浴中加热约 20 min，然后迅速转移至冰水浴中冷却至室温，在此条件处理下 dsDNA 解链变性为 ssDNA，通过重复杂交而实现再利用。

5.3　表面等离子共振生物传感器

1900 年 Wood 等在光学实验中首次发现了由表面等离子波（SPW）引起的衍射光栅上的不规则衍射现象，1960 年 Stern 和 Farrell 等提出了表面等离子波的概念。表面等离子波是指金属表面沿着金属和介质界面传播的电子疏密波。表面等离子共振（SPR）是在金属和电介质界面处入射光场在适当条件下引发金属表面的自由电子发生相干振荡的一种物理现象。经过几十年的发展，SPR 技术逐渐开始应用于传感器领域。1982 年 Nylander 和 Liederg 将 SPR 原理应用于气体检测和生物传感领域，1983 年 Liedberg 等首次将 SPR 原理应用于生物化学反应和动力学的计算。1990 年世界上首台商品化的 SPR 生物传感器由 Biacore 公司研制成功，此后 SPR 技术取得了长足的发展，出现了各种应用于物理、化学和生物领域的新型 SPR 传感器。

5.3.1　SPR 的基本原理

当入射光经偏振片起偏后以一定角度入射到金属（其中金属的另一表面附着被测体系）和玻璃界面上时，在金属膜中产生消逝波。消逝波能够引发表面等离子波，但消逝波的传播深度非常有限，入射光的全部能量均返回到棱镜中。当入射光的波长及入射角满足一定条件时，消逝波引发的表面等离子波的频率和消逝波的频率相等，二者发生共振，这时界面处的全反射条件将被破坏，呈现衰减全反射现象。从宏观上看检测到的反射光光强会大幅度减小，这就是表面等离子共振现象，能量从光子转移到表面等离子。入射光大部分能量被吸收，造成反射光能量急剧减少，在反射光强反应曲线上看到一个最小峰，这个峰称为吸收峰。此时对应的入射光波长为共振波长，对应的入射角为共振角。表面等离子共振的这些参数对附着在金属薄膜表面的被测系统的折射率、厚度、浓度等条件非常敏感，当这些条件改变时，共振角和共振波长也随之改变。因此 SPR 谱（共振角的变化-时间曲线，共振波长的变化-时间曲线）就能够反映与金属膜表面接触的被测体系的变化和性质。

当金属或半导体表面的自由电子与特定电磁波相互作用时，自由电子将吸收电磁波的能量，产生表面等离子体共振，如图 5-17 所示。具体过程是光线从光密介质向光疏介质传播时，若入射角大于临界角，则在两种介质的界面处发生全内反射，但光波的电磁场强度在界面处并不立即减小为零，而是部分地进入光疏介质，随入射深度以指数形式衰减，形成消逝波，消逝波的有效深度一般为100 ~ 200 nm。因为消逝波的存在，光线在界面处的全内反射将产生一个位移。若光疏介质很纯净，在没有吸收和其他消耗的情况下，消逝波沿光疏介质表面传播约半个波长，再返回光密介质，全内反射强度并不会被衰减。若将一层高反射的金属薄膜镀在玻璃或石英支持体上，当光线以一定的入射角透过支持体照射到金属薄膜的表面并发生全反射时，由于金属膜的厚度（约 50 nm）小于消逝波的深度，在金属与溶液或空气的界面处，消逝波仍起作用，其在 x 轴方向的分量见式（5-1）：

$$K_{ev} = \frac{\omega}{c} = \sqrt{\varepsilon_0}\sin\theta \tag{5-1}$$

式中 ω ——入射光的角频率；

   ε_0 ——支持体的介电常数；

   θ ——入射光的入射角；

   c ——光速；

   K_{ev} ——消逝波在 x 轴的分量。

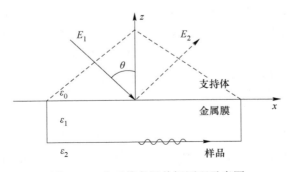

图 5-17 表面等离子共振原理示意图

同时，在金属与溶液或空气的界面处金属表面的自由电子将被激发，产生振荡电荷，从而形成表面等离子体激元：

$$K_{sp} \approx \frac{\omega}{c} \sqrt{\frac{\varepsilon_1 \varepsilon_2}{\varepsilon_1 + \varepsilon_2}} \qquad (5-2)$$

式中　ε_1——金属膜的介电常数；

　　　ε_2——金属膜表面样品的介电常数；

　　　K_{sp}——表面等离子波沿 x 轴的分量。

当 K_{sp} 与 K_{ev} 相等时，金属表面的等离子体激元将与消逝波发生耦合，产生表面等离子体共振吸收，反射光强度急剧下降，达到最小，此时的入射角 θ_{sp} 称共振角。入射光中只有 P 偏振光能激发表面等离子体共振。

$$K_{sp} = K_{ev} \qquad (5-3)$$

此时

$$\sin\theta_{sp} = f(\omega, \varepsilon_0, \varepsilon_1, \varepsilon_2) \qquad (5-4)$$

在实际测量时往往利用金属膜表面的样品折射率来替代其介电常数，以入射光的波长 λ 替代角频率 ω，且 ε_0 和 ε_1 为常量，故式（5-4）可用式（5-5）描述

$$\sin\theta_{sp} = f(\lambda, n) \qquad (5-5)$$

式中　λ——入射波长；

　　　n——金属膜表面样品的折射率。

而样品的折射率又与样品中待测化学或生物量（m）的大小有关，故有

$$\sin\theta_{sp} = f(\lambda, m) \qquad (5-6)$$

由于消逝波的有效深度仅 $100 \sim 200$ nm，表面等离子体共振所测得的化学或生物量仅是金属表面很短距离内的值，而非其本体值。SPR 的角度受一些因素的影响，与入射光的波长、界面两侧介质的折射系数、金属膜的厚度、玻璃与金属的介电常数等有关。当其他条件固定的情况下，SPR 的角度只与邻近金属膜介质的折射系数有关，介质中物质的浓度、表面介质的均匀度、厚度等改变引起的折射系数的变化将导致 SPR 角度的变化，因此 SPR 技术可以用于表征发生在金属膜表面的一些物理和化学变化并进行表面性质的研究。生物分子结合在金属表面使得表面的质量发生变化，也引起表面折射系数发生变化，SPR 角度（或波长）也随之改变，角度变化的大小与表面结合的分子的质量成正比，因此 SPR 技术可以用于生物分子相互作用的研究。由于 SPR 测定的是表面质量浓度变化引起的表面折射率的变化，因此被检测分子不需要进行标记，可以在发生反应时进行实时监测。

SPR 的检测参数主要包括灵敏度、分辨率和检测范围，除以上三种主要参数外，衡量 SPR 传感系统性能的参数还有选择性、响应时间、准确性、精确性、稳定性及可重复性等。

灵敏度：SPR 传感系统的灵敏度定义为被检测参数（如入射角、波长、强度、相位）的变化值与待测物参数（折射率、膜厚度、分析物浓度）变化的比值。对于检测共振角的传感系统，灵敏度随着入射光波长降低而增大；相反，对于检测共振波长的传感系统，灵敏度随着入射光波长增加而增加。棱镜耦合方式的 SPR 传感器的灵敏度高于光栅耦合方式。Homola 等给出了典型的棱镜耦合和光栅耦合表面等离子共振传感器采用不同检测方式时的灵敏度，其中各种不同检测方式分辨率由已知参数检测精度算出。有报道一种检测共振波长棱镜耦合 SPR 传感器的灵敏度可达 8000 nm/RIU（refractive international unit，折射率的国际单位），噪声为 0.02 nm。一种检测共振波长的光栅高灵敏 SPR 气体传感器（金属膜为银膜）的灵敏度可达 1000 nm/RIU。而检测共振角度 SPR 传感器的灵敏度大约为 100°/RIU。SPR 生物传感器的灵敏度可分为两部分：由于生物探测分子结合上了分析物而引起的介电常数变化的灵敏度 S_{RI}，以及分析物浓度 C 转换为介电常数 n 时的效率 E。

分辨率：SPR 传感系统的分辨率是传感系统能分辨的待定物参数（如折射率）的最小变化。它与检测精度有关，受系统噪声的限制，噪声来自温度、光源、光电探测器等。瑞典的 Linko Ping 大学和 BIAcore 研制的检测共振角度的棱镜耦合 SPR 传感器的折射分辨率高于 3×10^{-7} RIU。

测量范围：SPR 传感系统的另一个重要参数是测量范围，即传感系统可检测的待定参数的取值范围，如可检测的敏感膜折射率或样品浓度的变化范围等。一般来讲光强指示型表面等离子共振传感器的检测范围较小，而波长和角度指示型的传感器较大。检测范围由相应的角度探测仪和光谱分析仪所确定。

5.3.2　SPR 传感器的结构和组成

由于 SPR 传感器的整个传感过程包括生物分子的相互作用；敏感层电介质变化（介电常数改变）；传感器电磁场变化；光电信号检测；信号的连续检测与分析共五个步骤。因而 SPR 传感器一般应包括以下四个部分。

（1）可以发出平面偏振光的光源。固定入射角改变波长测量方式的 SPR 装置，其理想的光源是能发射各种波长的连续光源，并且具有足够的强度和稳定性，白炽灯和钨丝灯是较适合的光源。固定波长改变入射角测量方式的 SPR 装置多采用 He-Ne 激光器（$\lambda = 632.8$ nm）作为光源，其单色性好，强度高。另外 LED 也可作为 SPR 光源，波长多为 760 nm，LED 的单色性较好，而且体积小、价格低、使用寿命长。

（2）沉积在玻璃基底上的金属薄膜。传感片是进行 SPR 测定的关键部件，它是在玻璃片上镀一层金属薄膜，金属元素的性质各不相同，因此选择不同种类金属材料作为产生 SPR 的基质膜会对 SPR 光谱产生很大的影响。由于 SPR 是利用反射光谱来进行研究的，因此金属材料首先考虑的是反射率高的金属，Au 膜和 Ag 膜是 SPR 中最常见的两种金属薄膜。从 SPR 光谱的三个特征参数（共振波长或共振角，共振宽度，共振深度）来看，在同样的条件下 Ag 膜的共振波长或共振角的变化明显比 Au 膜灵敏，共振深度大于 Au 膜，共振半峰宽明显小于 Au。Ag 膜具有很高的反射率和较高的测量灵敏度，是 SPR 的首选金属膜。但 Ag 膜的稳定性较差，在空气中容易氧化。Au 膜的稳定性好，具有较强的化学惰性，尤其适用 Ag 不能使用的体系。金属薄膜的厚度直接影响共振深度，随着金属膜厚度的增加，共振深度变小，即最小反射系数变大。金属薄膜的制备方法主要有真空镀膜和化学镀膜，其中真空镀膜又包括真空蒸镀、离子镀、溅射、化学气相沉积和分子束外延等。SPR 传感芯片的金属膜主要采用电子束真空蒸镀（E-beam）和高频溅射两种方法，在金属的均匀度、致密度等方面，E-beam 的效果较佳，不过其缺点在于设备昂贵，镀膜成本高。膜的厚度一般在 50 nm 左右，研究表明在这个厚度时 SPR 响应最灵敏。金属膜的厚度要求非常均匀才能保证实验结果的可靠，每个传感片之间的金属膜厚度也要尽量一致以保证实验的重现性。传感片的玻璃一侧与棱镜相接触，两者的折射率应相同，两者之间一般用一些折射率相同的液体或介质以使两者在光学上成一体。

（3）光波导耦合器件。常用的耦合器件主要有棱镜型、光纤型和光栅型。用于产生衰减全反射的棱镜型装置主要有 Otto 和 Kretschmann 型两种，其结构示意图如图 5-18 所示，两种装置检测的都是 P 偏振入射光的衰减全反射，均使用三角形或半球形棱镜，制作棱镜的材料为折射率较大的石英或普通玻璃。两者在结构上的区别主要是棱镜底面与金属膜之间是否存在空隙。在 SPR 生物传感器中主要使用 Kretschmann 型。Kretschmann 型结构简单，制作容易实现且使用方便。该装置是将几十纳米厚的金属薄膜直接覆盖在棱镜的底部，待检测的介质在金属膜下面，光线射入棱镜，其消逝波透过金属薄膜在界面处引起 SPR。

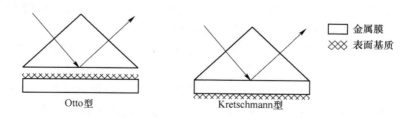

图 5-18　棱镜型 SPR 传感器的原理图

（4）光学检测器，用于检测 SPR 角度或波长。从检测方式来看，SPR 传感器可分为强度调制、角度调制、波长调制和相位调制四种。

1）强度调制：固定入射光波长及入射角（共振角附近），检测发射光强度随外界折射率的变化。

2）角度调制：固定入射光波长，通过扫描入射角度，追踪共振角（反射强度的最小值）随外界折射率的变化，观察反射光的归一化程度。目前商用的 SPR 仪器大多采用相干性较差的近红外 LED 作为光源，不需要复杂的转动装置，还可避免激光产生的干涉效应对测量结果的影响，接收端用线阵 CCD 采集不同入射角度的反射光强。

3）波长调制：固定入射角度，以宽带光源入射，探测反射或者透射光谱的变化，获得共振波长随折射率变化的关系。该方法易于实现传感器的小型化和集成化，主要应用于光纤 SPR 传感器及测量局域表面等离子共振消光谱。波长调制 SPR 传感器光路结构中，通常引入光纤作为传光媒介，来减少外界干扰，提高仪器的集成度。

4）相位调制：固定入射光波长和角度，探测 TM 波在棱镜底面反射前后相位的变化。理论和实验研究表明，与其他调制方式相比，相位调制可以使 SPR 传感器灵敏度提高 1~2 个数量级。

目前普遍使用的是角度调制法和波长调制法，强度调制法误差较大，相位调制法的灵敏度最高，但需要一系列的高频电路。由于表面等离子体波的传播距离非常短，传感检测过程必须在激发区域内完成，光学系统不仅用来激发表面等离子波，同时用来监测最后的响应信号，因此表面等离子体传感器的灵敏度不能通过增加传感区域来提高。由于表面等离子体波的传播常数总是大于光波，因此必须通过增强入射光的动量来匹配表面等离子体波。常用的光波动量增强的方式由衰减全反射棱镜、表面光栅和光波导器件来完成，相应又分为棱镜耦合、光栅耦合、集成波导耦合和光纤耦合四种方式。与一些传统的基于相互作用的分析技术和生物传感系统相比较，SPR 传感系统具有以下特点。

（1）无须标记。SPR 传感系统是通过对敏感膜折射率变化的检测，从而获得生物分子相互作用的信息。SPR 对样品的折射率敏感，因此待测物无须标记，特别适合天然生物分子的研究，这意味着尽可能不影响待研究的相互作用，在许多情况下这也避免了纯化和标记的步骤，一些标记物具有毒性或放射性，不需要对样品进行标记就可以避免环境污染和增强安全性。

（2）实时检测。SPR 生物传感系统采用的是光学检测手段，信息转换非常快捷，能动态地检测生物分子相互作用的全过程，SPR 传感图可以实时和连续记录，因此可以对生物分子相互作用的过程进行实时检测，这样不但可以大幅提高检测分析的速度，而且可以通过对检测结果的分析，得到作用过程的动力学参数信息。跟踪相互作用过程能得出有价值的诊断信息，这对设计一系列的实验、摸索自动化分析实验条件非常有用，而且有利于对分析系统的快速评价，能进行现场实时动态分析。SPR 响应时间约为 0.1 s 数量级，可以检测在此时间内的任何识别事件和反应过程，也可进行现场或实时的动态观察。

（3）无污染无损失检测。SPR 传感系统所采用的光学检测手段避免了与待测样品的直接接触，SPR 也不穿透样品，适用于浑浊、不透明或有色溶液的检测，不会对样品造成污染，保证了待测样品的长效性。

（4）高灵敏度检测。由于金属膜具有良好的导电性，所以分布于金属膜与敏感膜界面处的 SPW 产生的场主要分布于敏感膜一侧。生物样品被直接检测到的最小浓度可低于 0.01 ng/mL。SPR 一般能检测 nmol/L 量级的组分，如利用酶等放大技术，其检测限可降到 fmol/L 水平。SPR 检测灵敏度与介电常数变化幅度有关，传感表面及其附近介质的介电常数变化幅度越大或待测组分越靠近传感表面，就越容易被观察到。通过表面修饰将目标分子拉靠到金膜表面，可提高检测灵敏度。同理，增加待测分子体积也可以提高待测目标分子的检测灵敏度。

（5）样品用量极少，一般一个表面仅需约 1 μg 蛋白配体，大多数情况下不需要对样品进行预处理。

（6）检测过程方便快捷。偶联过程通常只需要不到 30 min，相互作用一般也在数分钟之内即可完成，而再生往往更快。

（7）能跟踪监控固定的配体的稳定性，对复合物的定量测定不干扰反应的平衡。

（8）应用范围非常广泛。SPR 检测介电常数及其变动，而介电常数乃物质的普遍特性，故 SPR 普遍可用。如果通过表面修饰引入各种识别机制，则 SPR 可在复杂介质中探测出微量的目标组分，所以它也是高选择性的分析方法。不仅可检测抗原抗体之间的特异性反应，还能检测各种脂类、蛋白质、多糖、生物膜上的信号分子以及许多生物大分子之间的相互作用。

（9）测定模式多样。SPR 有角度、波长共振模式，能进行单通道、多通道以及成像分析；还可以利用消逝波，建立暗背景光共振散射和发射方法。例如，暗背景荧光、暗背景拉曼、暗背景瑞利散射等，特别适合于天然生物分子的研究。

（10）容易与其他技术联用。SPR 可以和电化学技术联用，目前已经成为研究电化学界面反应的一种主要工具；与质谱技术的联用在蛋白质的鉴定和表征方面显示了极大的优越性，还可以和压电石英晶体天平、荧光显微技术等联用。

5.3.3　SPR 传感器中分子固定的方法

在 SPR 生物传感技术的测定中，一般将一种物质分子采用适当的方法固定在传感片的表面，将另一种物质加到传感片表面后，利用 SPR 信号变化来检测二者之间的相互作用以达到定性定量检测的目的。常用的分子固定方法有以下几种。

（1）物理吸附法。将物质分子通过简单的物理吸附方法吸附在传感片表面，分子与金属膜之间通过疏水作用、静电作用、范德华力等结合在一起，这是 SPR

在最初应用时采用的方法。该方法的优点是操作简单，适用于许多种类的物质分子；其缺点是物质分子在表面吸附得不牢固，时间长会脱落，难以形成稳定的分子层，其他生物分子容易在裸露的金膜上产生非特异性吸附，固定量难以控制，如有的蛋白质无法在金属表面上形成稳定的膜，有的则会变性而失去活性，有时生物分子虽然很容易吸附在金属表面上，但是由于活性区域空间障碍和取向效应，生物分子团聚成体系结构，造成亲和反应不易发生。

（2）自组装法。利用巯基（—SH）和金（或银）之间有较强的相互作用，带有巯基的分子在金表面可以自发地形成有序结构且稳定性非常高。表面富含巯基的生物分子通过 Au—S 键直接化学吸附到金膜表面，此方法仅适用于少数蛋白质的固定，如蛋白质 A，在金膜表面形成的分子膜比较牢固，常作为固定免疫球蛋白 G 的媒介。还可以在要固定的分子上修饰巯基，直接自组装在传感片表面，也可以先在传感片上自组装一层物质，再将配体固定在其上。

（3）共价固定法。采用这种固定方法首先要在传感表面通过吸附或自组装固定一层物质，然后将要固定的配体固定其上。由于是通过共价键连接，因此固定分子的稳定性大大提高。例如，采用末端为巯基的双功能分子（如 16-巯基十六烷醇、11-巯基十一烷酸等）能与金膜形成牢固的 Au—S 键，在金膜表面形成一层自组装单分子层，在这个基础上一种方法是直接通过偶联剂与生物分子表面相应的功能基团共价键合，从而将生物分子牢固地结合在传感器表面；另一种方法是在功能分子的末端基团上进一步共价偶联具有空间网状结构的高聚物分子（如葡聚糖、琼脂糖等），接着通过羧化试剂使高聚物分子羧基化，然后利用偶联剂将生物分子固定于高聚物分子表面。根据生物分子表面参与偶联的基团不同，常用的方法可分为氨基偶联法、羧基偶联法、巯基偶联法和醛基偶联法等。

（4）LB 膜法。该方法也称为单分子复合膜技术，可把液面上有序排列的某些有机化合物逐层地转移到固定基片上，实现基片上的特定分子的高度有序排列，膜厚度控制可以精确到数十埃。

（5）生物素-亲和素结合法。通过共价偶联法将亲和素固定在金膜表面，然后利用亲和素与生物素的高亲合力，将生物素标记的蛋白质固定到芯片表面。

5.3.4 SPR 传感器的应用与发展

SPR 传感器因为具有实时、无标记检测、灵敏度高及可小型化等优势而被广泛应用于疾病诊断、药物开发、基因测序、环境监测、食品安全检测、兴奋剂检测等领域。按测量对象属性可分为三类：物理量的测量、化学反应的测量和生物分子作用的测量。

（1）物理量的测量。主要包括由湿度变化引起的敏感膜吸湿量变化，进而引起其折射率变化的湿度传感器，基于氢化无定形硅的热光效应的湿度传感器等。

（2）化学反应的测量。待测分子被敏感膜有选择性地化学吸附或与敏感膜中的待定分子发生化学反应，从而引起敏感膜的光学属性（主要是折射率）发生变化，导致表面等离子共振条件的变化。因此可以通过检测共振角或共振波长的变化来检测待测分子的成分、浓度以及参与化学反应的特性。

（3）生物分子作用的测量。SPR 传感器在生物领域的应用最为广泛，现有的商用 SPR 传感器基本都是生物传感器。SPR 的原理决定了它特别适合于生物分子之间相互作用的研究。自从 1983 年 SPR 传感系统第一次应用于生物领域，SPR 生物传感器系统已经被广泛应用于各种类型的生物分子检测。因为多数生物分子具有反应专一性，其结构上的特异结合位点只能与特定生物分子的某一部分发生相互作用，如抗原-抗体、配体-受体等都具有高度的反应专一性，所以当将其中的一方固定在传感芯片的表面，样品溶液中若存在可与其特异结合的另一方，SPR 光谱即发生变化，进而可用于检测生物分子的结合作用，或者是通过生物分子结合作用的检测来完成特定生物分子的识别及其浓度的测定。除了可以鉴别待测物的种类、测定分子的浓度和质量外，更重要的是 SPR 可以实时监测分子间相互作用的情形。例如，早期的抗原-抗体的相互作用，生物素和亲和素的相互作用以及一些 IgG 检测。

SPR 生物传感器是 SPR 与生物分子特异性反应相互结合而形成的一类生物传感器。由于 SPR 技术具有能实时监测反应动态过程、分析样品不需要纯化、生物样品无须标记、灵敏度较高、无背景干扰、分析快捷、前处理简单、样品用量少等特点，在生物科学领域应用中取得了长足进展。SPR 生物传感装置通常由 SPR 检测器、传感器芯片和缓冲液、样品、试剂连续流过的流动池组成，可以实时检测与固定化配体特异结合的分析物。SPR 技术作为研究生物分子相互作用的全新手段，几乎可以检测所有的生物分子，如蛋白质、多肽、DNA、多糖、脂质体、小分子化合物，甚至噬菌体、细胞等，从而用来研究分子间有无结合以及相互作用的亲和力、结合解离的快慢，分析结合位点和结合顺序，并且寻找受体、配体、底物、疾病靶点和药物等。基于 SPR 技术的生物传感器已被广泛应用于蛋白质组学、细胞生物学、药物研发、临床诊断、食品安全、环境监测和分子工程等领域。目前 SPR 与其他类型生物传感器相比较，其主要竞争对手是免疫测定法。免疫测定法是最为常规和广泛的生物测定方法，非常多的常规检验由该方法完成，它的灵敏度、专一性极高，且成本非常低廉。而 SPR 传感器目前尚集中在研究和分析实验室阶段，真正走向常规检测市场的可用的商品化仪器非常有限，当前 SPR 传感器的发展是应将该检测器由研究实验室推向检测市场，使之成为类似于 pH 试纸、玻璃电极这样的常规检测仪器。但是商业化 SPR 生物传感器在生物化学检测市场的份额很小，还处于实验室研究阶段。要想与现有的生物传感器竞争，SPR 传感器就必须在成本、功能、操作、灵敏度和稳定性等方面提高竞争力，因此 SPR 传感器的发展方向有以下方面。

（1）改进仪器的检测限。目前直接 SPR 生物传感器表面覆盖的生物材料检测限约为 1 pg/mm^2，不利于检测浓度较低、质量较小的生物分子，还没有将检测限制提高 1 个数量级以上的方法，而许多生物物质、药物或环境污染物质在很低浓度即可对生物体产生显著影响。例如，优化仪器的设计及与其他仪器联用，如光声光谱、光热光谱等，改进实验方法，增强表面等离子体共振的响应信号。

（2）提高 SPR 传感器的灵敏度和分辨率。目前商用的 SPR 仪器检测限大约为 1 pg/mm^2，探测的分子深度大约为 200 nm，通过优化光学结构设计及数据处理方法，设计新型复合传感芯片等方法，能够有效地提高 SPR 传感器技术的灵敏度和分辨率，有利于对小分子低浓度的探测。例如，可以从以下几个方面进行改进。

1）研制先进的识别因子，SPR 传感器要检测复杂的实际对象如血液，就必须有稳定的受体基质以从非特异性效应中找到有效的反应。

2）光波导技术的使用，适应器件小型化，在一片芯片上制作多个传感器。

3）将金属膜两个表面都镀上敏感介质，并且在两个界面都产生 SPW 的长程 SPR 传感器的灵敏度可比普通 SPR 灵敏度提高 7 倍，而分辨率相当。基于相位检测的办法可将分辨率提高一个数量级，可区分表面效应及体效应的多通道 SPR 生物传感器，能够弥补非特异性吸收和背景折射干扰。

4）应用二次甚至三次放大反应并结合纳米粒子，提高 SPR 反应信号。例如，用纳米金技术结合生物素和亲和素技术来标记分析物，纳米金与金属膜表面的消逝波有强烈的相互作用，能够使检测下限下降几个数量级，甚至达到单分子检测。

5）增加 SPW 的穿透深度，对探测大分子细菌、病毒等具有重要意义。

（3）多通道、多组分识别、高通量分析。实现多通道、多参数是传感器的发展趋势，增加表面等离子体共振成像传感通道，制作多功能检测芯片，提高图像横向分辨率和对比度，将会使得 SPR 传感技术在生物、药物研究领域的应用更为广泛。采用多通道结构至少有三个明显的优点。

1）可以一次完成多个样品检测，这在药物筛选中是十分必要的。

2）可以一次完成同一样品的不同特征的检测，这一点可以有效降低疾病检测中存在假阳性的概率。

3）在多通道中设置参考通道，可以消除非特异性响应的影响。目前已有十六通道传感器的报道。表面等离子体共振与电化学联用，同时得到样品的电化学和光学信息。由于 SPR 技术每次只能分析几个样品，且每次分析需要 5~10 min，自动化和微流控系统现在仍不能良好地解决多个样品的快速分析，这给 SPR 的实际应用和高通量分析带来了困难。

（4）与其他分析仪器相连。目前有不少关于 SPR 和其他分析仪器相连的报道。SPR 技术与传统的蛋白质鉴定技术 MALDI-TOF-MS（机制辅助的激光解析离子化时间飞行质谱）的有机结合是蛋白组学中的一种新的研究手段，可以检测部分生物分子之间的相互作用。这种方法一般分为两步：第一步，SPR 检测自身环境中的生物分子；第二步，MALDI-TOF-MS 鉴定结合在 SPR 传感表面的分析物。这种方法综合了 SPR 和 MALDI-TOF-MS 两种技术的优势，实现了定量与定性的结合。也可以利用微型化的 Spreeta SPR 生物传感器，如将毛细管电泳（CE）分离后的产物直接导入 SPR 生物传感器进行检测；也有报道将高效液相色谱和 SPR 生物传感器相连。

（5）低成本、微型化、集成化和阵列化。仪器的微型化可以带来很多好处，如可以减少试剂的消耗，加快分析速度，降低分析成本，提高系统稳定性，减少样品的使用量，容易实现多通道检测等。结合光波导/光纤技术的 SPR 传感器在降低成本，实现小型化、集成化及高稳定性等方面有独特优势，可推动 SPR 传感器的普及和拓展新的应用领域。降低检测成本的方法除了实现小型化外，更有效的途径是制作材料的选择。例如，研究或开发可以替代贵金属的材料，利用光学塑料代替昂贵的光学玻璃等。一些传感部件的再生利用应该是降低成本的更加有效的途径。

（6）小分子检测。SPR 技术对待测物浓度的测定主要与物质的相对分子质量有关，对于相对分子质量大于 1000 的物质，其典型的可测定浓度范围为 μmol/L～nmol/L，而对于相对分子质量小于 1000 的物质，其典型的可测定浓度范围为 μmol/L～mmol/L，因此，积极地探索各种高灵敏度的分析方法来检测小分子已成为 SPR 研究的一个主要内容。

（7）进一步提高仪器的性价比。表面等离子体共振传感器正由实验室的研究工作向实际应用领域推进，已有多种表面等离子体共振传感器问世，但是目前这类仪器大多价格昂贵，难以普及，无形中限制了表面等离子体共振传感器的研究和应用。因此，研制价格适中、性能优良、使用方便的表面等离子体共振仪器显得非常迫切。

6 其他生物传感器

本章主要讲述了其他章节尚未介绍的其他传感器，其中内容包含压电晶体生物传感器、半导体生物传感器、热生物传感器等相关内容，对前面的生物的传感器作为补充介绍。

6.1 压电晶体生物传感器

6.1.1 原理与器件

声波传感器检测的是机械波或声波（acoustic wave）。当声波沿着物体表面或内部传播时，对传播途径特征的任何改变都会影响波的传播速率和/或振幅。通过测量传感器的振动频率或相特征可以监测传播速率的变化，然后将这种变化与待测定的相应的物理量联系起来。声波传感装置常常采用压电材料产生声波。压电效应（piezoelectricity）发现于一百多年前，指物体受机械压力后产生带电的现象。许多类型的晶体都有压电现象，其中石英晶体的电子、机械和化学性能最适合作为压电传感材料，称为压电石英晶体（piezoelectric quartz crystal，PQC）。该现象也可以逆向进行，对压电材料施加合适的电场，能够产生机械压力。压电声波传感器提供一个震荡电场来产生机械波，它穿过基质后回到电场中得以测量。

晶体振动有两种类型：体声波（bulk acoustic wave，BAW）和表面声波（surface acoustic wave，SAW）。它们都可以用于声波生物传感器（acoustic biosensor）的研制。

6.1.1.1 压电基质材料

在用于制作声波传感器的压电基质材料中，石英（SiO_2）、钽酸锂（$LiTaO_3$）最为常见，其次是铌酸锂（$LiNbO_3$）。它们的优缺点不一样，表现在各自的成本、温度敏感性、衰减性和传播速度等方面。石英具有一个有趣的特点，不同的晶体切割角度和声波的传播方向表现出不同的对温度依赖程度。经合适的选择，可以最大限度地减少温度效应。反之，最大限度地利用这种效应，可以制备温度敏传感器，而其他压电基质不具备这种特性。

6.1.1.2 体声波

BAW 属于厚度剪切模式振荡器（thickness shear mode resonator，TSM），广泛

用作石英晶体微天平（quartz crystal microbalance，QCM），它是最熟悉、最经典，也是最简单的声波装置。TSM 器件通常为一个 AT-切割的石英薄片，两侧有一对圆形电极［图6-1（a）］，在两个电极之间施加一个电压，使晶体产生一个剪切变形。声波传感方向从内部垂直朝向晶体表面。仅仅在两个基本点电极之间的区域有压电活性，因此电极所覆盖的区域振动强度最大，离开这个区域，制动迅速减弱。

　　TSM 具有许多优点，如制造简单，能够承受较恶劣环境，温度稳定性好，对所吸附的质量比较敏感等。由于其剪切波传播方式，能够测量液体，适合于制作生物传感器。由于 BAW 的传播方式，其能量穿透整个晶体，在晶体表面分布密度不高，所以对吸附的外来质量还不够敏感。一般而言，振动频率越高，传感器对外来质量越敏感。BAW 的振动频率为 5 ~ 30 MHz，要提高振动频率，需要将晶片制得更薄，但晶片变得易脆，工艺上也很难实现。采用压电薄膜和体硅微机器（bulk micromachining）技术也许能够解决这些问题。

6.1.1.3　表面声波

　　SAW 的电极装在晶体的同一侧，振动波跨越晶体表面，具有径向和垂直剪切（radialvertical shear mode）组分，并与晶体表面耦合。这种耦合对振动波的振幅和速度影响很大，使 ASW 传感器能够直接对外来质量和机械性质响应。SAW 由 Rayleigh 于 1887 年发现，故又称 Rayleigh 波。SAW 的传播速度比响应的电磁波低 5 个数量级，一般地，波振幅为最高为 100 nm，波长范围为 1 ~ 100 μm。图 6-1（b）显示 SAW 沿 Z 轴传播所产生的变形场。

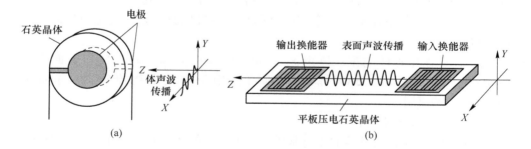

图 6-1　声波传感装置
（a）经典的 BAW 传感器；（b）平板 SAW 传感器

　　由于 SAW 为表面传播，能量集中在表面，因此对外来吸附质量比 BAW 更加敏感。SAW 有一个主要的不足，由于其波在表面传播，不适合于液体中传感。当 SAW 器件与液体接触时，导致表面波压缩，并大量衰减损失。

　　一个解决的方案是采用剪切水平表面声波（shear-horizontal surface acoustic

wave）技术。如果调整压电晶体材料的切割方向，波传播模式可以从垂直剪切 SAW 传感器转变为水平剪切 SAW 传感器。这种方法极大地减少 SAW 在液体中的损耗，使 SAW 也能用于生物传感器。

6.1.1.4 Sauerbrey 频率-质量关系式

影响晶体振动频率的因素包括晶体的厚度、密度、剪切模数（为常数）和临近介质的物理特性（空气或液体的密度或黏度）。将晶体置于一个振荡电路，当电振荡频率和机械振荡频率接近晶体的基础振动频率时，可以获得共振。如 Sauerbrey 所描述，共振频率的改变 Δf（Hz）与晶体表面积累的质量相关：

$$\Delta f = -2\Delta m n f_0^2 / (\eta_q \rho_q) \tag{6-1}$$

式中，η_q 和 ρ_q 分别代表晶体的密度（2.648 g/cm^3）和黏度[2.947 × 10^{-11} $g/(cm \cdot s)$]；n 是泛音；f_0 是晶体的基础振荡频率，MHz；Δm 是单位面积的吸附质量，g/cm^2。对于 AT-切割的晶体，当面积（cm^2）一定时，式（6-1）可以重新写为：

$$\Delta f = -2.3 \times 10^{-6} f_0^2 \Delta m \tag{6-2}$$

式（6-2）意味着，当振荡晶体被涂上薄层物质后，其振动频率会发生漂移。换句话说，一旦晶体振动频率发生变化，便意味着有外源物质在晶体上沉积，而且沉积物质的质量与晶体振动频率的变化在一定范围内成比例。如果设法让晶体选择性地吸附外源物质，便能制成 PZ 化学传感器或 PZ 生物传感器。

令 $K = -2.3 \times 10^{-6} f_0^2$，代入式（6-2），得

$$\Delta f = -K\Delta m \tag{6-3}$$

即晶体质量的增量与振动频率成反比。

PZ 生物传感器的选择性取决于吸附剂，灵敏度取决于晶体性质。一般地说，涂膜晶体振动频率范围在 9 ~ 14 MHz，经验上，质量的增加对振动频率的改变率是 50 Hz/10^{-9} g，理论上可允许检出 10^{-12} g 的痕量物质。ASW 的频率为数百兆赫，理论上灵敏度更高，但影响因素更多。

PZ 晶体起初被用来制作微量天平，后来用于检测一些气体有机物和无机物。

6.1.2 液体样品测定

如果简单地将 PZ 放到溶液中，振荡就会被严重衰减。显然，Sauerbrey 方程（sauer-brey eguation）并不适合晶体在溶液中的行为。曾经推荐了两种液体样品的测定方法：一种方法是将液体样品转变为气体，再进行测定；另一种方法称为浸入-干燥法（dip and dry ap-plication）。在 PZ 上固定生物敏感材料后测定其振荡频率，浸入液体样品，发生吸附后，将传感器取出干燥，再测定频率的变化。两种方法显然都过于烦琐。Nomura 和 Okuhara 最早开始调查 PZ 在溶液中的特性，并发现 PZ 在液体环境中受多种因素响应。1985 年，Kanazawa 等利用

切变波和阻尼切变波物理模型得出溶液黏度和密度对晶体振动频率影响的经验式：

$$\Delta F = -F^{3/2}(\rho_L \eta_L / \pi \rho_Q \eta_Q)^{1/2} \tag{6-4}$$

式中，ρ_L 和 η_L 分别为溶液的密度和黏度；ρ_Q 和 η_Q 分别为晶体密度和弹性系数。该经验式是用葡萄糖溶液和乙醇溶液接触 PZ 表面，并以 PZ 在纯净水中的振动为参照而实验得出的。

该式理论预测率为 1 : 1.005。然而随后的实验证明，改变离子强度会使结果大大偏离式（6-4）的预测值，而且具有 30 Hz/℃ 的温度系数（在 26～40 ℃ 范围），因此，PZ 在溶液中的影响因素至少包括黏度、密度、电导率和温度等，此外还有非特异性吸附作用（NSB）。同年，Bruckenstein 和 Shay 报道了类似的结果。他们假设与 PZ 接触的液体在 PZ 表面形成一个黏性界面层，该层的质量即为增加在 PZ 上的质量。以后，研究者又相继发现固-液界面的性质如疏水性和亲水性、晶体表面涂层厚度等对实验结果均有不同程度的影响。所以要小心地控制实验条件，排除各种可能的误差源。

虽然浸入-干燥法比较烦琐，但可以采用 Sauernbrey 经验式来描述结果，所以仍然为许多学者采用。另一种改进方法为流通法，石英晶体可以全部浸入溶液，但通常以其一面与流通池接触。样品通过注射或蠕动泵送入流通池，样品的体积可以小到几微升。

Roederer 等试验了一种微重力免疫传感器，所用的石英晶体体积为 2.54 cm × 1.27 cm × 0.1016 cm。两只铂丝电极交错安装在晶体上，基础振动频率为 10.3 MHz，电极之间晶体表面先经 HF/NaF/NH₄F · HF 溶液刻蚀增加表面积，再用甘油氧丙基三甲氧硅烷（GOPS）及高碘酸处理引入醛基，然后涂羊抗人 IgG 抗体。参比晶体仅用 GOPS 修饰而不含抗体，检测槽如同普通的流通测定池。

当通入缓冲液时，振动频率发生明显变化，指示晶体和参比晶体对缓冲液的响应理应一致，但发现实际上两者非特异性吸附现象并不完全按比例分配，然而主要问题是缺乏足够的灵敏度，大约要将检测下限扩大 3 个数量级方能满足临床需要。可以采用一系列办法加以解决，如封闭非特异性结合部位、增加涂膜抗体密度、在参比晶体上固定随性蛋白质等。

蛋白 A 对 IgG 及其亚类具有亲和性，将蛋白 A（1 mg/L）固定在用 γ-氨基丙基三乙氧硅烷和戊二醛活化的晶体上，用 0.1 mol/L 甘氨酸封闭未反应完的醛基。如此修饰的 PZ 晶体安装在液流槽中，先用甘氨酸溶液冲洗一切可能的吸附物质，以无离子蒸馏水为载流液，流速为 0.7 mL/min，控温 30 ℃，5～10 min 后观察到稳态振动频率 F_1；而后通入用 0.05 mol/L 磷酸缓冲液配制的各种浓度的人 IgG，待停留一段时间后，用 0.5 mol/L NaCl 溶液冲洗非特异性吸附物质及未吸附的 IgG，再恒速通入载流，得到稳态振动频率 F_2；继而用甘氨酸-盐酸缓冲液（pH 2.4，0.1 mol/L）解离 IgG-蛋白 A，进行第二轮测定。图 6-2 为不同反应时间稳态频率与人 IgG 浓度关系，线性范围在 10^{-6} ~ 10^{-2} mg/mol，若缩短反应时间，可测定浓度更高的样品。

克服晶体在溶液中振动衰减的一个简单可行的方法是，先在干燥条件下测得基础频率 F_1，然后在溶液中进行样品吸附，经干燥后再测频率 F_2，由此可测出样品的吸附量。Muramatsu 等用这种方法测定了白假丝酵母菌（Candida albicans），所用的特异性吸附剂为抗-Candida 抗体，细胞浓度线性范围为 10^6 ~ 5×10^8 个/mL，响应时间为 3 min，传感器对啤酒酵菌几乎不产生响应如

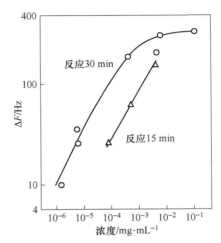

图 6-2　人 IgG 浓度与 PZ 晶体振动频率的关系

图 6-3 所示。另一种抗衰减的方法是选用高频（20 MHz）石英晶片，涂膜 PZ 探测器在溶液中可以测定链霉抗生物素蛋白（streptavidin）和其他一些抗原物质。

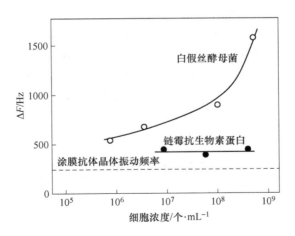

图 6-3　细胞浓度与振动频率的关系

Uttenthaler 等报道了一种超高灵敏度的 QCM。该石英晶体中间经过化学刻蚀，形成一个中间薄、周边厚、机械性能好的晶体片，振动频率为 56 MHz，用单克隆抗体固定以后检测 M13 噬菌体，与参比标准的 19 MHz 晶体相比，信噪比因子大于 6。

6.1.3　气体样品测定

用其他方法检测气体物质，一般需先抽取一定体积的空气样品溶于水中，再对水溶液进行分析。PZ 探测器的优点是能直接测定气体物质，不需对样品预处理，在 20 世纪 60 年代便开始用来测定大气痕量污染物 SO_2、CO、HCl 等。水分子是一种重要的干扰因子，随着水分子被晶体表面涂膜吸附，振动频率发生漂移，因此要求测定环境相对湿度较低（30% 左右），而且恒定。

甲醛是一种无色气体，当空气中含有甲醛 5 mg/L 时即有刺激感，常规检测用化学法。Guilbault 等在一个 9 MHz 晶体表面涂上一薄层甲醛脱氢酶（EC 1,2,1,1）及辅酶因子（NAD 和谷胱甘肽）。晶体厚 1 mm，直径 15 mm，一对金电极紧贴在晶体两侧。先向测量池送入过滤干净空气，记频计读出晶体探针和参比晶体振动频率，由频差可以知道晶体上酶的质量。以此频差为基线，再向池内送入含甲醛的污染空气，晶体表面即有酶-底物复合物形成：

$$酶 + 辅因子 + 甲醛 \rightleftharpoons [复合物] + 产物 \tag{6-5}$$

如果将反应时间控制在 1 min 以内，将只有复合物形成而不生成产物，于是频率改变取决于甲醛分子被吸附的质量并与空气中甲醛浓度相关。涂固的酶量直接影响传感器的响应灵敏度，对 8 种不同酶量的实验结果见表 6-1。

表 6-1 显示，当涂固酶量达 160 μg 时传感器对 10 mg/L 的甲醛具有最大的响应值，即灵敏度最高，但此时对晶体来说已经过载。因此确定 60 μg 为最佳涂固酶量。传感器的选择性见表 6-2。可见传感器选择性良好，对甲醛蒸气的线性响应范围为 10 μg/L ~ 10 mg/L，具有 200 Hz/10^{-11} g 的响应斜率，对 1 mg/L 的甲醛蒸气测定 10 次，响应值为 (300 ± 6) Hz，SD = 1.5 Hz，CV = 5%。每支传感器能连续工作 3 d，100 次测定。3 d 以后响应迅速下降，将晶体投放到液体中检查不到酶活性，说明酶已失活。更换酶膜以后晶体可重复使用，整个测定系统已经做成便携式野外测试装置。

表 6-1　涂固酶量对晶体探针响应灵敏度的影响❶

涂固酶量/μg	ΔF/Hz	涂固酶量/μg	ΔF/Hz
10	100	95	500
17	200	160	2055
32	480	170	1850
68	650	200	450

---

❶　对 10 mg/L 甲醛样品响应。

表 6-2　各种挥发性物质对甲醛传感器的影响

化合物	$100 \ \mathrm{mg \cdot L^{-1}}$ 响应值 $\Delta F/\mathrm{Hz}$	$10 \ \mathrm{mg \cdot L^{-1}}$ 响应值 $\Delta F/\mathrm{Hz}$
甲醛	500	300
甲醇	0	0
乙醇	2	0
乙醛	10	1
丙醛	5	1
苯醛	0	0

Guilbault 等还报道了其他一些酶 PZ 传感器，如乙醇氧化酶 PZ 和碳酸脱水酶 PZ，分别测定乙醇和 CO_2。

利用 PZ 传感器检测挥发性物质已经被广泛研究，如毒品检测。将抗苯甲酰芽子碱抗体涂固到晶片上，能够检测气相中的可卡因浓度，响应灵敏度为 50 Hz/10^{-9} g，检测下限可达 ng/L 级。湿度通常是一个问题，但这种 PZ 能在 50% 的湿度环境下正常工作。利用 LB 膜技术将脂质双分子层涂固到晶体表面可以检测恶臭和香料物质。测得在空气中和充满挥发性气体密闭容器中晶体的振动频率，根据分配系数和频率变化对各种成分进行定量。

免疫 PZ 的主要特点是能直接测定免疫物质而不需要任何标记物，但有关气相条件下晶体表面免疫物质的结合与解离过程还不太清楚，尽管测定结果比较好，仍有必要研究其反应机理。为了克服免疫 PZ 对非特异性吸附的响应，可以用 BSA 涂固晶体作为参比，非特异性吸附的干扰信号将由此抵消，用这种方法测定对硫磷（1605）与放射免疫法具有可比性。

6.1.4　声波生物传感器的应用

6.1.4.1　免疫测定

Lu 等报道了一种流动注射式免疫测定装置。以高碘酸盐氧化的葡聚糖亲水基质为连接物，将葡萄球菌 Staphylococcus aureus 蛋白 A（SpA）固定在经过聚赖氨酸修饰 PZ 表面，增加其稳定性和与人 IgG 结合的活性。在流通系统中，PZ 在流速为 140 nL/min 表现最佳灵敏度和可重复使用性，可以检测的浓度下限为 0.3 nmol/L。同样一支 PZ 传感器在重复使用第 19 次以后未见活性有明显的下降。吸附动力学表明，该传感器的制备方法能在 SpA 上增加人 IgG 的结合部位，没有明显的非特异性结合。此外，该 PZ 比用直接吸附法制备的 PZ 剩余活力更高。利用该传感器测定了多克隆羊抗-schistosoma japonicum 谷胱甘肽-S-转移酶（GST）及基因工程突变体。

阿朴脂蛋白 E（apolipoprotein，apoE）是几种血浆脂蛋白的重要组分，与心血管疾病有关，常见于家族型高脂蛋白血。Marrazza 等报道了一种 PZ 传感器，在其表面金电极上固定有 23 mer 探针，经 DNA 杂交来测定 apoE。

Su 等将石英音叉上固定抗-人 IgG，做了两个实验。当给予直接机械刺激时，可以观测到质量改变对振荡放大的影响作用，但灵敏度在传感器之间存在很大差异，而且受实验安排的影响。采用自刺激模式时，将音叉放到调协电路中，音叉的动作可以检测 5～100 ng/mL 人 IgG。该研究的意义是石英音叉是采用标准的微加工工艺常规生产的，因此，有可能利用微加工来制备石英传感器阵列。

Microtubule 是一种微管结合蛋白，能够改变活细胞骨架性质。Marx 报道了一种检测活细胞微管构造的 QCM。该传感器用活体内皮细胞（ECs）作为生物敏感元件，ECs 能在含血清培养基中亲水性地黏合到 QCM 金电极表面。加入细胞24 h 以后，在胰蛋白酶化作用下通过电子细胞计数观察细胞脱离表面所得到的 Delta f 和 Delta R 的漂移值，在此基础上建立校正曲线。在一定剂量的存在下（0.11～15 nmol/L），能使活细胞中的微管解聚合。这使得在石英晶片表面均匀分布的单层细胞渐渐占领小块区域，细胞之间结合减弱。在加入 Nocodazole 4 h以后，观察到负 Delta f 漂移值和正 Delta R 漂移值显著扩大，转换点为 900 nmol/L。荧光显微镜观察显示，固定在 QCM 上的细胞骨架和形态在 Nocodazole 浓度为330 nmol/L 时就受到影响。这些结果表明，QCM 传感器有可能用于生物活性药物或细胞解吸附作用物质的在线筛选和鉴定。

6.1.4.2　气味物质测定

人类能够感受和区分各种痕量气味物质的存在，这便是嗅觉。Wu 报道了一种人工嗅觉传感器。传感器系统由 6 个 PZ 传感器阵列组成，其中含 5 个 PZ 传感器和 1 个参比磷脂探针，能测 5 种样品。气味受体蛋白将样品中的气味物质分离而吸附到 PZ 上。测定时间约为 400 s，稳定期达 3 个月之久。传感器可以区分不同的挥发物质如正己酸、异戊基乙酸、正葵醇、β 紫罗（兰）酮、芳樟醇等。测定浓度范围为 10^{-7}～10^{-6} g/L，与人的嗅觉测定结果完全符合。该传感器阵列能对不同的气体响应，并对每一种气味物质形成指纹数据。在单个 PZ 或多个 PZ 组成的阵列电极上固定不同的合成蛋白质结构类似物。测定对象包括氨、疏基乙醇、甲氨、乙酸和氯苯等挥发性化合物。传感器在底物浓度为 mg/L 范围呈线性响应。可以建立模式化合物响应的指纹图谱，并可以延伸到测定混合化合物。存在的问题是，在经过无挥发气体的空气洗脱传感器后，传感器不能完全解吸附，因此，系统不完全可逆。此外，稳定性、耐用性和系统的可操作性尚需要进一步考查。

6.1.4.3　病原微生物测定

已经查明，幽门螺旋杆菌是胃溃疡和胃癌的病原。结合酶放大和 PZ 方法研制了一种免疫传感器。在一只 10 MHz 的 A-T 切割石英晶体上，固定重组幽门螺旋杆菌抗原，以捕获抗体。由于在自然感染病人血清中的抗体滴度非常低，故很难直接测定。为了增加信号并降低背景噪声，在培养血清以后加入抗-人 IgG 或抗-人 IgG 结合物。抗-人 IgG 特异性地识别已经结合在传感器上的 IgG 抗体并与之结合，形成 Sandwich 结构：幽门螺旋杆菌抗原/抗体/抗-人 IgG。这种结合导致了 PZ 的频率进一步降低。由于仅仅在病人血清中含有阳性抗体时，才发生第二抗体的结合。在总的频率改变（即由血清和第二抗体所导致的总的频率改变）中，响应信号的增加比噪声的增加更为显著，因此，信噪比提高了 4.1~5.0 倍。

如果对第二抗体进行酶标记（辣根过氧化物酶 HRP 或碱性磷酸酶 AP），可以通过酶促反应产物的沉淀作用，进一步增加响应的灵敏度。采用这种方法，1% 稀释度的阳性人血清仍然可以检出。

以美洲猪瘟病（ASF）病毒蛋白 VP73 为特异性受体，固定在 PZ 晶体表面，测定猪血清样品。在流动系统中，传感器受体层可以再生并使用 10 次。测定周期为数分钟，选择性与常规的微量平板 ELISA 相当。

6.1.4.4 环境污染物测定

二噁英（dioxin）是一类强致癌物，极难降解，被列在环境污染物和内分泌干扰物黑名单的主要位置。一种能够检测多氯联苯二噁英类物质（Polychlorinated dibenzo-p-dioxins，PCDDs）的 PZ 免疫传感器。测定采用竞争性抑制酶联免疫原理，让针对 2,3,7,8-tetrachlorodibenzo-p-dioxin（2,3,7,8-TCDD）的鼠单克隆抗体和 HRP 酶标二噁英结构类似物竞争结合。首先通过化学自组装方法让抗-二噁英抗体沉积在 10 MHz AT-切割石英晶体振子上。将不同浓度的 PCDDs（0.001~10 ng/mL）与恒量 HRP-酶标二噁英结构类似物混合。由于混合样品在传感器表面吸附，传感器发生响应信号，可以在 0.01~1.3 ng/mL 范围定量测定 2,3,7,8-TCDD。实验还调查了传感器对各种 PCDD 类似物交叉反应，结果表明，该 QCM 在测定二噁英 PCDDs 方面的灵敏度与传统的酶标免疫法具有竞争性，而测定速度更快；在定性和定量测定方面，样品批量测定和成本与色谱-质谱具有可比性。

构建 PZ 传感器用于 BOD 测定。该方法不需要固定细菌，通过细菌在晶体上的生长来测定水样中的可生化性有机物浓度，操作简单和方便。检测时间在 37 ℃ 时为 2.5 h。在 2.2~11 mg/L 范围，BOD 与振荡频率的具有相关性，回归方程为 Delta F = 64.10 + 11.23 [BOD]。

Steegborn 和 Skladal 报道了一种测定除草剂阿特拉津（Atrazine）的直接免疫 PZ 传感器。通过戊二醛在 PZ 上固定生物亲和配体阿特拉津，置于一个流动溶液系统。测定抗-阿特拉津单克隆抗体 D6F3 与固定化阿特拉津的反应及其结合与解离速率常数（k_d 和 k_a）。获得 $k_d = 4.0 \times 10^{-4} \text{ s}^{-1}$，$k_a = 1.21 \times 10^5 \text{ L} \cdot \text{mol}^{-1}\text{s}^{-1}$。采用竞争测定法，竞争溶液中 0.1 ng/L 和 1 ng/L 阿特拉津能够减少 5% 和 30% D6F3 与 PZ 的结合。用 100 mmol/L NaOH 溶液流动洗涤 5 min，可以使 PZ 传感器再生。该传感器技术可以用来检测饮水中的除草剂。

此外，Ngeh-Ngwainbi 还报道了测定空气中对硫磷和有机磷神经毒剂的 PZ 生物传感器，灵敏度为 10^{-9} mol/L。

6.1.4.5　DNA 测定

另一项值得提及的是用 PZ 测定核酸物质。利用分子杂交原理，将 5 mg 同源多聚物 PolyA（聚腺核苷酸）和 PolyI（聚肌核苷酸）固定在石英晶体上，分别用来检测溶液中互补的 PolyU（聚尿核苷酸）和 PolyC（聚胞核苷酸），频率变化为 650 Hz/pb（碱基对）。研究者提出，这种方法的灵敏度虽比不上放射性同位素法，但用于常规检测还是可行的。在后续报道中，他们采用反复杂交和变性步骤，实现传感器的重复使用。以晶体电极为正极，在电场中，带电 DNA 分子被吸附到晶体上，由此检测鲑鱼精子 DNA。

现代生物技术产生大量的基因修饰生物（genetic modified organism，GMO），为了防止产生安全问题，需要对 GMOs 进行快速准确的鉴别。一种可以用于 GMOs 检测的 PZ。选择许多 GMOs 中存在基因（如 P35S 和 T-NOS）为靶序列。先在 PZ 表面修饰巯基或葡聚糖，键合链霉亲合素，再通过链霉亲合素与生物素的结合作用，将生物素修饰的 DNA 探针（25 mer）固定，制成几种 DNA 传感器。这些传感器探针的 DNA 序列分别互补于 P35S 和 T-NOS 的基因扩增产物。在优化实验条件以后，以认定的参照物（含 2% 靶序列）基因组扩增物和质粒 DNA 为样品，通过 DNA 杂交作用进行半定量检测。方法的特异性好，CV 为 20%，不受样品稀释度的影响。

大肠杆菌 O157：H7 是一种致死变异体，具有极大的危害。通过生物素-亲和素作用，固定 509 bp 序列的 DNA 探针，检测下限 10^{-8} mol/L，可以用于食物样品的检测。

基因突变常常是单个碱基突变引起的。单碱基突变检测是检测基因突变的基本程序。合成一段巯基修饰的寡聚核苷酸，其序列与靶 DNA 互补并靠近突变位点上游一个碱基。将该序列作为探针，固定到 PZ 金电极上。在与靶 DNA 序列（突变的或正常的）杂交以后，再让杂交物与生物素标记的核苷酸反应。由于该生物素标记的核苷酸与突变位点互补，在 DNA 聚合酶存下，它只与含突变的 DNA 双链结合，然后加入亲和素-碱性磷酸酶与生物素结合，再加入酶的底物，经催化作用在传感器上产生沉淀，由此放大了检测信号。这种 QCM 检测突变 DNA 的下限为 1×10^{-1} mol/mL。用这种方法来检测含 Tay-Sa-chs 基因异常的多态性血样，不需要 PCR，灵敏度可满足要求。

一种高灵敏度的乙肝病毒 HBV DNA PZ 微量天平传感器。HBV 核酸探针固定到 9 MHz AT-切割石英晶体的金电极表面，传感器在 0.02～0.14 ng/mL 范围有线性响应，再生 5 次后灵敏度没有明显降低。

其他声波生物传感器及性能见表 6-3。

表 6-3 声波生物传感器及性能举例

被分析物	涂 层	检测下限	应 用
Atrazine（莠去津）	蛋白 A/多克隆抗体	0.03 ng/mL	农药检测
Chattenella marina（细胞）	单克隆抗体 MR-21	$10^2 \sim 10^6$ 个细胞/mL	海水赤潮
肠道细菌	抗大肠杆菌抗体	$10^6 \sim 10^9$ 个细胞/mL	饮水检测
沙门菌	抗沙门菌抗体	2.5×10^5 个细胞/mL	食品质量控制
沙门菌	重组沙门菌蛋白		鸡、鸡蛋
多种肠道细菌		10^6 个细胞/mL	
霍乱弧菌 0139	兔抗霍乱弧菌抗体	4×10^3 个细胞/mL	流行病控制
蓖麻毒	羊抗蓖麻毒抗体	5 μg/mL	生物战剂
李斯特菌		2.5×10^5 个细胞/mL	
结核杆菌（溶液和空气）	C-反应蛋白和 IgM（双通路同步测定）		传染病监测
5 种疱疹病毒		5×10^4 个病毒粒子/mL	
轮状病毒		10^6 个病毒粒子/mL	
腺病毒		10^{10} 个病毒粒子/mL	
乙肝病毒	核酸探针	$0.02 \sim 0.14$ ng/mL	
呼吸道综合征病毒	重组抗体 PRRSV		猪病
M13-噬菌体			
过敏原	抗人-IgE 抗体	$5 \sim 300$ IU/mL	
皮质醇		$36 \sim 3628$ ng/mL	
IgG		10^{-2} mg/mL	免疫学测定
IgM	鱼精蛋白	10 ng/mL	免疫学测定

6.2 半导体生物传感器

半导体生物传感器（semiconductive biosensor）由半导体器件和生物分子识别元件组成。通常用的半导体器件是场效应晶体管（field-effect transistor，FET），因此，半导体生物传感器又称生物场效应晶体管（BioFET）。BioEFT 源于两种成熟技术：固态集成电路和离子选择性电极。20 世纪 70 年代初开始将绝缘栅场效应晶体管（insulategate field-effect transistor，IGFET）用于氢的检测。ISE 技术中的关键部分——离子选择性膜直接与 FET 相结合，出现了所谓离子敏感场效应晶体管（ion-selective fieldeffect transistor，ISFET）。自然地，就像酶电极起源于离子选择性电极，催化蛋白质便被引到 FET 的栅极成为所谓 BioFET。

根据 Bergveld 的回忆，Stanford 大学的 Wise 等首先将硅基材料用于微电极的制作，来测量动作电位。结合刻蚀法和金喷法制作了长 5 mm、宽 0.2 mm 的针型电极，并将电极的工作电路也制作到同一硅片上。当他读到这篇报道以后，认为该装置是他两年以前的设计，不够"聪明"，因为电极与工作电路在同一硅片上使用十分不方便。而他同期报道的可用于神经生理测量的离子选择性固态装置是真正的 ISFET 的开始。

最早的 BioFET 是 Janata 提出的设计方案（U. S. Patent 4020830. 1977），在他的专利中将固定化酶与 ISFET 结合，称为酶场效应晶体管（EnFET）。由于氢离子敏的 FET 器件最为成熟，与 H^+ 变化有关的生化反应自然首先被用到 BioFET 方面，随后出现免疫 FET 和细菌 FET。

6.2.1 原理与特点

半导体器件有电容型和电流型两种基本类型。在 N 型（或 P 型）半导体基片（Si）的表面形成 100 nm 的氧化物（SiO_2）和金属（如 Al、Pd 等）薄层的器件叫 MOS（metal-ox-ide-semiconductor）结构，这种结构在被施加电压时表现电导和电容特性，而且电导率和电容随外加电压的变化而改变，因而称为 MOS 电容，如图 6-4（b）所示。

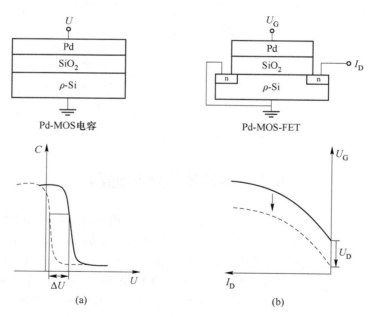

图 6-4 MOS 器件及电容特性

（a）Pd-MOS 电容 C-U 曲线；（b）Pd-MOS-FET 及 I_D-U_G 特征

U_G—极门电位；U_D—源与漏之间的电压差；I_D—漏电流，是 U_G 的函数；

C—电容；U—外加电压；当器件与氢接触时，特征曲线向左移动（虚线）

若在基片（如 P 型）上扩散成 2 个 N 型区，分别称为源和漏，从上面引出源极和漏极，源和漏之间有一个沟道区，在它上面生长一层 SiO$_2$ 绝缘层，绝缘层上面再制成一层金属电极称为栅，整个器件称为 MOS-FET。常用的金属为钯（Pd），对氢离子敏感，称为 Pd-MOS-FET，或 pH-FET、IS-FET。它有 4 个末端，栅极与基片短路，源和漏之间的电流称为漏电流，可忽略不计。如果施加外电压，同时栅极电压对基片为正，电子便被吸引到栅极下面，促进两个 N 区导通，因此栅极电压变化将控制沟道区导电性能（漏电流）的变化［图 6-4（a）］。MOS-FET、IS-FET 和 BioFET 的区别如图 6-5 所示。

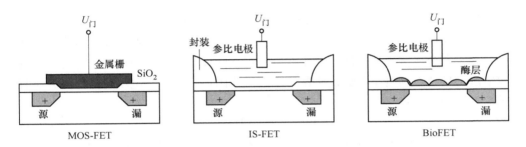

图 6-5　MOS-FET、IS-FET 和 BioFET 的区别

根据上述原理，只要设法利用生物反应过程来影响栅极电压，便可设计出半导体生物传感器。

利用 FET 制作的生物传感器有如下特点：

（1）构造简单，便于批量制作，成本低；

（2）属于固态（solid state）传感器，机械性能好，耐震动，寿命长；

（3）输出阻抗低，与检测器的连接线甚至不用屏蔽，不受外来电场干扰，测试电路简化；

（4）体积小，可制成微型 BioFET，适合微量样品分析和活体内（in vivo）测定；

（5）可在同一硅片上集成多种传感器，对样品中不同成分同时进行测量分析得出综合信息；

（6）可直接整合到电路中进行信号处理，是研制生物芯片和生物计算机的基础。

6.2.2　生物场效应晶体管结构类型

生物场效应晶体管（BioFET）有分离型和结合型，如图 6-6 所示。

6.2.2.1　分离型生物场效应晶体管

在分离型 BioFET 中，生物反应系统（如酶柱）与 MOS-FET 各为独立组件，

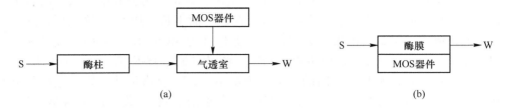

图 6-6　半导体生物传感器结构类型

（a）分离型；（b）结合型

这种传感系统常用于检测产气生物催化反应。以产氢酶促反应为例，H_2 通过气透膜抵达 MOS-FET 表面，如图 6-6（a）所示，氢分子在金属表面被吸附溶解，部分氢原子向金属区内部扩散，并在电极作用下受极化，在 Pd 和 SiO_2 界面外形成双电层，导致电场电压下降，使Ⅳ曲线漂移 [图6-6（a）]。电压降与周围的氢有关，有下列等式：

$$\Delta U = C_1 \times (\mathrm{pH}_2)^{0.5} \tag{6-6}$$

式中，C_1 为常数，取决于 Pd 层的性质、膜厚、活性面积等；$\mathrm{pH}_2 \leqslant 50$ mg/L，C_1 值一般为 27 mV/（mg/L）。

氢原子可以重新结合成氢分子或与氧结合成水分子，因此，氧分子的存在会降低传感器的灵敏度。在缺氧时，传感器的灵敏度为 0.01 mg/L，有氧时为 1 mg/L。然而氧的存在使传感器回复时间缩短，但如果将温度加到 100～150 ℃ 也可缩短回复时间，在这个温度下，可以防止水分在传感器表面聚积，因此，100～150 ℃ 通常作为 MOS-FET 的工作温度。在低的 pH_2 时，响应时间通常为 1 min。

相比之下，与温度控制相结合的 NH_3 敏 MOS-电容可以在较低的温度（35 ℃）下工作，但对 NH_3 的灵敏度较低，涂上一层 3 nm 金属铱后对 NH_3 响应的灵敏度为 1 mg/L。电压与氨浓度的关系式为：

$$\Delta U = C_2 \times (\mathrm{pNH}_3)^{0.05} \tag{6-7}$$

式中，C_2 为常数，典型值为 24 mV/（mg/L），$\mathrm{pNH}_3 \leqslant 50$ mg/L，响应时间大约为 1 min。需要注意的是，铵是一种弱酸，离解常数 $pK_a = 9.25$，这意味着铵离子在偏碱性条件下与氨平衡，因此需小心地控制测定的 pH 值条件。在高 pH 值时，电离平衡偏向 NH_3，NH_3 的挥发使得传感器灵敏度增加。在 pH 值为 11 以上时，灵敏度最高。然而生物样品测试不允许 pH 值过高，在高 pH 值条件下，一方面酶可能失活，另一方面，碱性水解使样品中的结合 N 转化成氨而挥发掉，通常将测定 pH 值调至 8.5。

分离型 BioFET 测定系统一般为流动注射式，图 6-7 为氢敏测定系统。

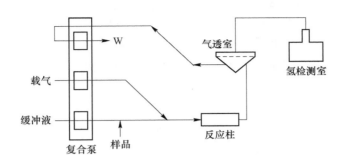

图 6-7　氢敏 Pd-MOS-FET 测定系统

6.2.2.2　结合型生物场效应晶体管

将场效应晶体管的金属栅去掉，用生物功能材料直接取代便构成结合型 BioFET，如图 6-6（b）所示。BioFET 与 MOS-FET 有四点主要区别：

（1）提供电压的金属栅极被参比电极（常为 Ag/AgCl 电极）取代；

（2）生物催化剂直接涂在绝缘栅上而不是与 FET 分离；

（3）可直接插入液体样品进行测定；

（4）常温操作。

目前，BioFET 的基础器件主要是 pH 敏 IS-FET，未能成功地将 ISE 所用的大多数选择性膜直接移植到 IS-FET。固态膜技术最为常用，最早报道的 pH 敏感膜是 SiO_2，但这种膜在溶液中因水合作用而失去绝缘性能。随后报道用 Si_3N_4、Al_2O_3、Ta_2O_2 等，后两种效果较好，对 pH 敏感度为 $52 \sim 58$ mV 每 pH 单位，几秒钟内能达到 95% 响应，几乎无漂移，滞后极小。

如果将酶膜生长在绝缘栅表面便构成酶 FET（EnFET），若固定的是抗原或抗体膜则称为免疫 FET（Immuno-FET）。

6.2.2.3　酶场效应晶体管差动输出

在 EnFET 中，酶被固定在离子选择性膜表面上，样品溶液中的待测底物扩散进入酶膜，并在膜中形成浓度梯度，可以通过 IS-FET 检测底物或产物。假设是检测产物，产物在胶层中向膜内外扩散，向离子选择性膜扩散的产物分子浓度不断积累增加，并在酶膜和离子选择性膜界面达到恒定，因反应速率基于底物浓度，该稳态浓度取决于底物浓度。实际上，EnFET 都含有双栅极，一只栅极涂有酶膜，作为指示 EnFET，另一只涂上灭活的酶膜或清蛋白膜作为参比 IS-FET。两只 FET 制作在同一芯片上，对 pH 值和温度以及外部溶液电场变化具有同样的敏感性。也就是说，如果两只 FET 漏电流出现了差值，那只能是 EnFET 中酶促反应所致，而与环境温度 pH 值加样体积和电场噪声等无关。

双栅极 EnFET 测试电路为差分式（differentiation）如图 6-8 所示。由运算放大器组成的反馈电路使两个 FET 保持一定的漏电流，在源和漏之间维持一定的电压，溶液的电位由 Ag/AgCl 参比电极保持一定，溶液 pH 值的变化在溶液-Si_3N_4 界面产生的电位变化直接呈现在输出端。信号 $U = f($pH，$U_{pre})$ 和 $U = f(U_{pre})$ 输入到差分放大器中，其输出差值 $f($pH$)$ 相当于被分析物浓度。

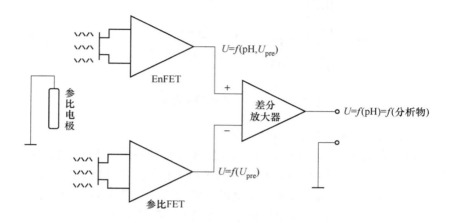

图 6-8 差分式 EnFET 测试电路模块图

图 6-9 为 pH 与单一 FET 测试回路和差动输出的关系，由 Nernst 公式知道，氢离子活度在 pH 值每变化 1 时，界面电位变化约 60 mV，单一 FET 的输出在 pH 值为 2 ~ 11 范围内呈线性，其斜率为 57 ~ 58 mV 每 pH 单位，大致符合 Nernst 公式计算值；而双栅极的差动输出对 pH 的响应几乎不变，说明溶液的 pH 变化得到补偿。

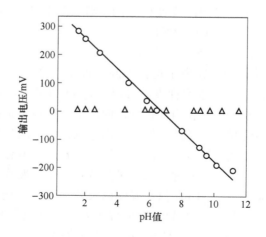

图 6-9 pH 对单栅极 （○） 和两栅极 （△） 输出的影响

对温度敏感实验表明，在 35 ℃ 左右的温度系数，单栅极 FET 为 1.1 mV/℃，差动输出为 0.3 mV/℃，由此可见，温度的影响也由此得到补偿。

EnFET 的响应机制比较复杂，难以用数学描述，与响应有关的因素包括反应的速度常数、各种化合物的扩散系数、固定化酶浓度、酶反应的产物抑制等。

6.2.3　生物场效应晶体管的性能改进

6.2.3.1　pH-稳定生物场效应晶体管

以 pH-FET 作为基础器件的 EnFET，其响应的灵敏度容易受到缓冲液的影响，表现在以下三个方面。

第一，对酸/结合碱缓冲液而言，在 pH 为酸的 pK_a 值时，缓冲能力最强，离开 pK_a 每变化 1 个 pH 单位，缓冲能力就降为原缓冲能力的 1/10。

第二，某些酶促反应产物是弱酸或弱碱，电离程度很低且取决于溶液的 pH。如在葡萄糖传感器中，酶促反应产生的葡萄糖酸，其 pK_a 为 3.77，当在 pH 5 以上测定时，离解可能较完全，可获得较高的响应。对尿素传感器而言，酶促反应产物包括二碳酸、铵离子和羟基离子，对 pH 影响较复杂。在低强度缓冲液中，酶反应产物可以克服溶液的缓冲能力而导致响应。

第三，酶促反应有其最适 pH 条件，如 GOD 最适作用 pH 为 5.1，脲酶约在 pH 值为 7～7.5 有最大活力（经固定化以后，最适 pH 可能发生变化）。酶传感器响应动力学范围可能受到 pH 的限制，在弱缓冲液中，传感器灵敏度高，但测定上限受到限制，反过来，在强缓冲液中，灵敏度降低，线性范围变宽。

倘若使标定溶液和样品溶液的 pH 和缓冲能力相等，便可能避免上述影响。为了达到这个目的，Schoot 等研制了一种 pH 稳定（pH-static）的 EnFET，在 FET 的 pH 敏感栅附近装上一个惰性金属电极，当溶液 pH 发生变化时，这个电极能作为阳极或阴极电离水分子产生 HO^- 或 H^+，以保持电荷平衡，从而使局部环境的 pH 稳定。传感器结构如图 6-10 所示。

该装置能通过直接反馈作用保持 pH 稳定。对尿素和葡萄糖测定时，传感器的响应与样品 pH 缓冲能力无关，与一般 EnFET 相比具有更宽的线性范围以及足够的灵敏度。不足的是，由于电极局部电离酸化作用，白蛋白酶膜部分分解使响应时间延长，但在使用过一段时间后，响应时间稳定在数分钟。

6.2.3.2　恒电流电位测定法

为了提高半导体传感器的灵敏度，Bergveld 研究组建立了一种恒电流电位测定法（con-stant current potentiometry）。在一个 MOS-FET 器件上沉淀了一层氧化

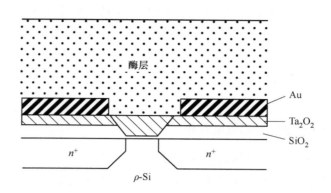

图 6-10　pH-稳定 EnFET 剖面图

还原活性物锇-聚乙烯嘧啶（Os-polyvinylpyridine，Os-PVP）作为门（gate），其中含有辣根过氧化物酶 HRP。外来的分子氧能在 Os-PVP 中被氧化产生过氧化氢，过氧化氢被 HRP 还原成氧，从而可以用于测定分子氧。如果在该电极活性"门"上再沉积一层葡萄糖氧化酶 GOD，样品中的葡萄糖被酶催化后产生过氧化氢，过氧化氢作为 HRP 的底物，经催化作用产生信号。传统的电位型生物传感器一般表现 Nernst 行为，灵敏度受到限制，而恒电流电位测定法可以改善传感器的灵敏度。

6.2.4　关于免疫场效应晶体管

　　FET 基本上是一种测量带电的装置，任何在外层绝缘体表面的界面电荷的增加都将引起 FET 反向层同等的电改变，若 FET 的溶液-膜界面极化得很理想，电荷不能跨过界面，FET 便可测定界面吸附的带电物质。由于蛋白质分子通常带负电荷，一只极化的 FET 能在溶液-绝缘膜界面进行非特异性吸附，如果将某种抗体或抗原固定到 FET 的表面便能对相应的抗原或抗体产生特异性结合，这种 FET 称为免疫 FET。

　　然而，从 1978 年建议研制免疫 FET 以来很难发现真正的成功例子，其原因是样品中的无机离子或电极活性物质能跨过双电层界面使极化撤去或降低极化程度，造成免疫吸附形成的充电转换阻抗太小以至难以检出。

　　反过来，如果利用蛋白质的吸附来影响无机离子引起的膜电位变化，可能有助于问题的解决。Schasfoort 等证明了这一点，采用的方法称为分段离子法（ion stepwise）。设有浓度为 c_i 的浓电解质溶液和浓度为 c_2 的稀电解质溶液，依次向 IS-FET 通入 c_2 溶液和 c_i 溶液，离子在膜-蛋白质层间的扩散使 IS-FET 产生瞬变电位，如图 6-11 所示。

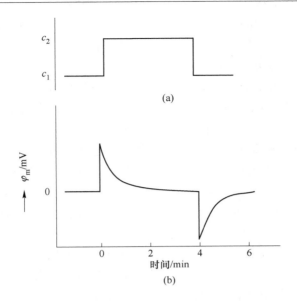

图 6-11 IS-FET 瞬变膜电位响应 φ_m 与分段离子浓度变化$(c_2 \sim c_1)$

（a）时间与分段离子浓度变化$(c_2 \sim c_1)$的关系；（b）时间与 IS-FET 瞬变膜电位响应 φ_m 的关系

由于离子淌度与膜中固定的两性蛋白质电荷密度有关，而电荷密度又与抗原抗体复合物相联系，因此，吸附蛋白质参数对瞬变膜电位的影响可用经验式描述：

$$\varphi_m = (RT/F)\ln(\alpha_1/\alpha_2)\sum_{i=0}^{n} S_i(pH - pI_i)c_i \tag{6-8}$$

式中　φ_m——在离子分段期间的瞬变电位；

　α_1，α_2——离子分段前后电解质活度变化；

　pI_i——蛋白质 i 的等电点；

　c_i——膜中蛋白质的平均浓度；

　S_i——敏感因子，斜率 $\delta Q_i/\delta_{pH}$（Q 代表蛋白质 i 的电荷，取决于蛋白质 i 的滴度）。

假设被吸附的蛋白质与溶液中蛋白质浓度相关，通过 φ_m 便能检出样品中免疫物质的浓度。用这种方法调查了溶菌酶分子和人血清白蛋白（HSA）的膜吸附，并成功地检出 HAS 和抗 HAS 的免疫反应。

6.3　热生物传感器

物质的热力学运动可以描述为"焓变"，所有生物学反应无一例外地伴随"焓变"，以热的释放或热的吸收的形式反映出来。利用量热手段测定生物学反应过程已有近一个世纪的历史，普通的量热手段是在相对宏观和粗放的条件下进行的。而对一个精细的生物学反应（小体积的细胞代谢或酶促反应），需要精密的量热手段。实现的条件是：（1）高精度的热敏元件；（2）保温（隔热）性能优良的反应体系。借助于工艺学、微电子学和材料科学的发展，人们在 20 世纪 70 年代就能够制造出高精度的热敏元件及其反应系统，有力地推动了生物量热学（calorimetry）研究，并形成丰富的生物热力学知识积累。

　　1974 年出现了两篇方法非常类似的报道，通过不同的技术将酶分子直接固定在量热元件上，试图构成酶热敏电阻或酶热探针。它们是热生物传感器（thermal biosensor 或 calorimetric biosensor）的原型。然而，传感器的灵敏度非常低，因为酶促反应所产生的热量大部分都被周边溶液吸收掉。瑞典 Lund 大学的 Mosbach 和 Danielsson 所设计的装置比较好地解决了这个问题，酶被固定在柱填充物上形成酶柱（enzyme column），酶柱与保温池和流动管路共同构成反应系统。在该系统中，酶促反应产生的热沿着酶柱传递和积累并被热敏电阻响应。这就是后来一直延续多年的酶热生物传感器的主要形式。

6.3.1　酶热敏电阻系统

6.3.1.1　热敏电阻

　　酶促反应释放的热量很可观，一般为 5 ~ 100 kJ/mol，由于浓度常常在毫摩尔每升或更低，因此要求量热元件检测温度水平为 10^{-4} 并有 1% 的精密度。在各种热敏元件中，唯独热敏电阻（thermistor）可以达到这样的要求。热敏电阻是利用半导体的电阻随温度升高而显著变化的性质制成的器件，通常用铜、镍、钴或锰等金属氧化物制成。热敏电阻具有负的温度系数，当温度升高时，其电阻值减少。热敏电阻作为量热元件有如下优点：

　　（1）电阻温度系数绝对值大（-3% ~ -5%），因而灵敏度高，测量线路简单，甚至不用放大器便可输出几伏的电压；

　　（2）体积小，重量轻，热惯性小，适用于温度变化较快、热容量小和温度空间狭窄的地方；

　　（3）稳定性好，寿命长，价格便宜。

　　热敏电阻阻值与温度之间的关系是一条指数曲线，即

$$R_T = Ae^{B/T}$$

（6-9）

式中　R_T——温度 T 时的电阻值；

　　A，B——常数；

　　　　T——绝对温度。

　　设温度为 T_0 时的电阻值为 R_0，则温度为 T 时的阻值为

$$R_T = R_0 e^{B^{1/T - 1/T_0}} \tag{6-10}$$

式中 B——热敏电阻系数，通常为 2000 ~ 6000 K。

热敏电阻随温度变化产生动作的阻值一般在 100 Ω ~ 100 kΩ，若选择 10 K 并设热敏电阻值为 3 kΩ，则温度变化 0.1% ℃，阻值变化将达 10 Ω，可以用惠斯登电桥检出。

6.3.1.2 酶柱

作为酶热敏电阻载体要求具有以下性质：

（1）热容量小，不随温度变化而膨胀和收缩；

（2）机械性能高，耐压性好，适合液流装置用；

（3）比表面积大，能有效固定生物量；

（4）化学和生物学稳定性好。

常用的载体有可控孔径多孔玻璃（controlled pore glass，CPG）、琼脂糖凝胶和尼龙毛细管。不同的载体固定生物量的能力差别很大，孔径为 50 ~ 200 nm，粒径为 80 目的 CPG 效果比较理想。可以从制造商购得烷丙氨衍生化 CPG，经戊二醛活化，再共价键合酶或其他生物分子。加入的酶应过量（常为 100 单位），以便酶柱能长期稳定地工作。

6.3.1.3 酶热敏电阻

酶热敏电阻主要有密接型和柱式反应器型两类，可用模式图表示，如图 6-12 所示。

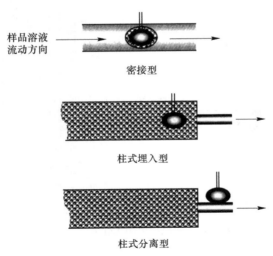

样品溶液
流动方向

密接型

柱式埋入型

柱式分离型

图 6-12 酶热敏电阻的基本构成

密接型是把酶等生物活性材料直接固定在热敏电阻上，这种传感器的响应速度快，在 10 s 内就能测定出结果，精度在 3% 左右，而且灵敏度高、压耗小。但由于传感器体积小，可固定的酶量受限，所以标定曲线的线性范围窄，且随着酶的失活而使工作寿命短。

柱式反应器又分为埋入型和分离型两种。柱式反应器固定的生物量大，所以即使活性低的物质也适合作生物传感器。此外因能填充过量的酶，可使响应线性范围加宽，能长期保持一定水平以上酶的活性。但是，埋入型和分离型的压耗都大。由于柱中通过的液体速度不同，热量变化检测效率也不同。埋入型的热敏电阻因直接与试样接触，长期使用时容易受样品成分污染，造成检测灵敏度降低。与之相反，分离型的热敏电阻不与样液直接接触，反应柱有互换性，能系统化，而且维修方便，近来几乎都使用柱式分离型的热敏电阻。

此外，还有管式反应器。这类反应器是在毛细管内壁上固定生物体物质，能固定的生物量较少，易受通过液体速度影响，但压耗小，不易受非特异性吸附物的热影响。因此，管式适合含有大量悬浮粒子的培养液的分析。

6.3.1.4　酶热敏电阻工作系统

酶热敏电阻工作系统一般由进样装置、反应装置和检测器三部分组成，以双柱式反应器为例，工作系统示意图如图 6-13 所示。

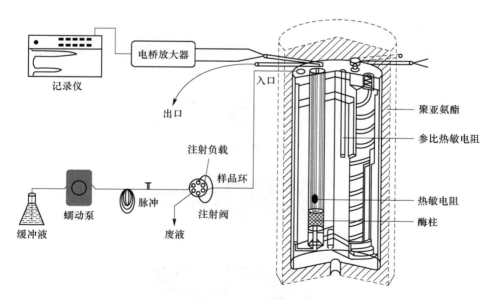

图 6-13　酶电敏电阻工作系统示意图

为 Lund 大学 Mosbach/Dannelsson 实验室经典的工作系统（承蒙 Dannelsson 和谢斌博士提供）进样装置主要部件是蠕动泵和定量环。反应器的结构比较复杂，隔热箱由双层铝筒、聚氨酯填料和薄层空气构成，箱内有两级热交换器，以水为介质，在泵的搅拌作用下，通过外层主热交换器和内部二级热交换器（安装在反应柱附近）进行热传递，以保证反应柱处在稳定的热环境中。热交换器为盘绕的抗酸钢管（内径 $0.8 \sim 1$ mm，长 50 cm）。酶柱体积为 1 mL，固定在树脂玻璃（plexiglas）支架上，使其周围被空气隔离。该系统可以单酶柱操作，也可以分流进行双柱操作。酶反应产生的大部分热量由液流携带并传至柱外，继而被安装在短的金毛细管中的热敏电阻测出。热敏电阻为双珠等温线型（A395 型，Victory Engineering Corp，Springfield，W. J. USA），在 25 ℃时，阻值为 16 kΩ，温度系数为 39%/℃，安装在柱内的参比热敏电阻用于控制基线的稳定。

用斩波稳定放大器和低温度系数绕线精密电阻装配的惠斯顿电桥测定温度，当温度变化 0.001 ℃时，这种电桥的最大输出改变为 100 mV。由于柱中摩擦和湍流产生的温度波动使得最低适用范围较高一些，一般为 0.01 ℃。在大多数酶反应中，当底物浓度在 $0.5 \sim 1$ mmol/L 时，反应温度变化 0.01 ℃，也就是说，底物检测下限取决于酶热敏电阻的信噪比。

6.3.1.5 测定方式

根据温度变化检测方式来看，测定系统有简单型、差动型（differentiations）和分离流动型。

简单型：根据酶柱出口处反应前后的温差进行底物检测，结构简单，但基线漂移较大。

差动型：检测酶柱进口和出口温差，基线漂移小，对槽内温度变化不太敏感。

分离流动型：设置与工作酶柱平行的参比反应柱，内充物为灭活的生物材料。参比柱用来鉴别非特异性的热变化，以消除测定误差。这种方法在构造上较复杂，但测定结果更为精密可靠，它是目前主要采用的方法。

在双柱反应器中，要尽可能使分流速度一致，缓冲液的流入速率大约控制在每支酶柱 $0.5 \sim 3$ mL/min。用进样阀（手动或自动）间歇注入样品，每次进样量 $0.1 \sim 1$ mL，酶反应所产生的温度变化形成脉冲信号峰，峰高与底物浓度的线性相关范围一般至少在 $10^{-5} \sim 10^{-1}$ mol/L。每小时可以分析 $15 \sim 60$ 份样品。分析周期随进样体积的减少和液流速度的提高而缩短，但过短的分析周期会影响检测灵敏度。

6.3.2 酶热敏电阻的应用研究

6.3.2.1 临床生化分析

酶热敏电阻对尿素的测定范围在 $0.01 \sim 200$ mmol/L，操作时血清样品被稀释至原浓度的 1/10，尿素浓度降到 $0.3 \sim 10$ mmol/L 范围，正好落在可测范围。由于脲酶失活较慢，因而操作稳定性高，每支酶柱可使用数月或进行几百次测定。样品分析周期为 $2 \sim 3$ min，相对误差为 1%，葡萄糖测定可以用己糖激酶（EC

2,1,1,1）或葡萄糖氧化酶（与过氧化氢酶联用）。己糖激酶热敏电阻测定葡萄糖范围在 0.5 ~ 50 mmol/L 或 0.5 ~ 25 mmol/L，每小时分析 40 份样品，分析精度和工作寿命符合临床要求。

与己糖激酶比较起来，GOD 则更加稳定，而且无须额外添加辅助因子，但 GOD 热敏电阻的工作线性范围只能达 0.45 mmol/L，与过氧化氢酶联用也只有 0.7 mmol/L。要预先将样品稀释到原浓度的 2% 至 1% 或者采用微量注射（5 ~ 20 μL）。测定精度很高，不管是单柱还是分离型装置，在 1 个工作日里测定的相对标准差仅为 0.6%，测定结果与临床上常规光度法和酶法有高度相关性。用苯醌取代氧作为反应电子受体可大大延长 GOD 线性范围，在缓冲液中加入 45 mmol/L 这种物质，检测线性范围可达 0.1 ~ 70 mmol/L。利用戊二醛介导 GOD 催化反应，使电化学测定与微热测定相结合，线性范围可达 20 mmol/L。

一种微型化的流动注射式酶热敏电阻也可用于血糖的测定。进样量为 20 nL，流速为 50 nL/min。酶柱填充材料为琼脂糖（agarose），共固定有 GOD 和过氧化氢酶。血液样品需要先经过稀释到原浓度的 10% 至 1%，否则血细胞容易堵塞酶柱并增加柱压。测定结果与参照方法有比较好的相关性。

进而，尝试用该系统测定全血。血样不用预处理，直接进样量为 1nL。平行用 RefloluxS 测定仪（Boehringer Mannheim）、Granutest 100 葡萄糖试剂盒（Merck Diagnostica）和 Ektachem 生化分析仪（Kodak）等三种方法作为评价参考，报告了溶血球的影响和其他可能的干扰因素。相关性分析表明，热传感器法测定结果通常低于参考方法，平均负偏差范围为 0.53 ~ 1.16 mmol/L。显然，不同的样品预处理（如有的方法采用血清或血浆测定）导致了这种差异。在抗坏血酸（0.11 mmol/L）、尿酸（0.48 mmol/L）、尿素（4.3 mmol/L）和对乙酰氨基酚（一种替代阿司匹林的解热镇痛药，0.17 mmol/L）存在时，对 5 mmol/L 葡萄糖测定没有影响。血球容积值在 13% ~ 53% 范围内不影响血糖测定。

Amine 等报道了一种微型化的热流动注射分析生物传感器，该传感器与微透析探针偶联，能够连续测定皮下葡萄糖。在 60 nL/min 的载流缓冲液带动下，皮下组织液经过滤探针和 1 nL 样品环，流过酶柱。体内测定显示，过滤探针和传感器的响应可以保持 24 h 恒定。响应时间为 85 s，测定能力为 42 次/h。对一位健康志愿者进行了葡萄糖耐受实验，同时采用皮下测定法和血糖测定法，并用葡萄糖分析仪进行对照，获得了葡萄糖曲线。

利用 GOD/过氧化物酶柱还可以测定双糖（纤维二糖和乳糖），只是需要预先将双糖水解成单糖。此外，可以用蔗糖转化酶直接测定蔗糖，线性范围在 0.05 ~ 100 mmol/L，这个例子更能体现量热法的优点，因为利用酶电极测定蔗糖时需要用三种酶，由此类推，乳糖和维生素 C 也可以直接分别用乳糖氧化酶（EC 1,1,3,9）和维生素 C 氧化酶（EC 1,10,3,3）的酶热敏电阻进行测定。

综上所述，测定甘油三酯需要用到几种酶，而量热法只需用单一酶。用孔径为 200 nm 的 CPG 固定脂蛋白脂酶，用分流法测定甘油三酯，温度响应范围丁酸甘油酯在 0.05 ~ 10 mmol/L；油酸甘油酯为 0.1 ~ 5 mmol/L。用 Tris 缓冲液将血清样品稀释至原浓度的 1/4，可以测定甘油三酯，结果与分光光度酶法吻合。

测定磷脂的酶热敏电阻需用三种酶：磷脂酶 D、胆碱氧化酶和过氧化氢酶。磷脂酶 D（36 U）直接加进 0.05 mL 样品，然后注射到缓冲溶液流中。CPG 酶柱中含固定化胆碱氧化酶和过氧化氢酶，响应线性范围为 0.03 ~ 0.19 mmol/L。血清可稀释至原浓度的 1/10 后再进样，酶柱可以工作 8 个星期或至少 1600 次测定。如果将三种酶都共固定化，则酶柱的稳定性变差。

Danielsson 实验室用酶热敏电阻-流动注射分析系统来测定人血清、胆汁和胆结石中的游离胆固醇和总胆固醇，并评价高密度（high-density）脂蛋白和低密度（low-density）脂蛋白。用肝磷脂（heparin）功能化的琼脂糖分离血清中的高密度脂蛋白和低密度（low-density）脂蛋白。系统中共有 3 个酶柱，分别是：胆固醇氧化酶/过氧化氢酶（CO/CAT）共固定柱（柱 A）、胆固醇酯酶（GE）柱（柱 B）和 CO/GE/CAT 柱（柱 C）。所有的酶都是通过戊二醛与多孔玻璃珠交联固定。柱 A 用来分析游离胆固醇，柱 C 用来分析总胆固醇（即游离胆固醇和酯化的胆固醇）。柱 B 置于柱 A 之前，通过"进"和"出"转换，配合柱 A 分别测定游离胆固醇和总胆固醇。该系统测定游离胆固醇的线性范围为 1.0 ~ 8.0 mmol/L，测定总胆固醇的线性范围为 0.25 ~ 4.0 mmol/L。测定周期为 4 min，酶柱使用 2000 次后活力仅损失 4%。测定结果与商品试剂盒一致。

6.3.2.2 免疫学分析

热生物传感器也可以用于免疫学测定，热敏电阻与酶联免疫吸附法结合起来称之为 TELISA。TELISA 原理如下：以琼脂糖 CL-4B 为载体固定抗体并填充到反应器中；将已知浓度的过氧化氢酶标记的抗原与含待测抗原样品一起引入液流，酶标抗原与抗原竞争性地与柱中固定化抗体结合，抗原越少，柱中结合的酶标抗原就越多，随后进行的过氧化氢酶促反应产热量亦越大，用这种方法可以得到 10^{-3} mol/L 的灵敏度。测定完一个样品后用甘氨酸在低 pH 值条件下重新活化反应柱，整个测定周期只需 10 ~ 15 min。这种技术能够应对急诊，也可用于检测基因工程菌生产的蛋白质和激素。在后一种用途中，TELISA 过程已经实现自动化，进样和洗脱都由计算机控制。通过过氧化物酶标记的胰岛素和胰岛素原竞争性地与固定化抗体结合来测定基因工程大肠菌细胞生产的胰岛素原，测定周期为 10 min，可测浓度低至 1 μg/mL。

6.3.2.3 生物工业过程分析与控制

热生物传感器最有应用前途的领域之一是生物工业过程的分析与控制，所有的酶热敏电阻都是流动注射式系统，比较容易与生物反应器衔接。

　　一种含 β 半乳糖苷酶的酶反应器能够连续水解乳清中的乳糖生成半乳糖和葡萄糖，用 GOD/过氧化氢酶热敏电阻检测反应器流出物中葡萄糖浓度，根据测定结果调节底物的泵入速率使流出物中葡萄糖浓度控制在 63 mmol/L。该酶热敏电阻监测和控制糖的浓度稳定性很好，一个酶柱可连续使用数天，满足一般的一个发酵周期的需要，甚至不需要反复标定，仅每日检查基线的漂移情况，以便及时校正，传感器响应迅速，灵敏度高，反应器中短时间内底物浓度的变化也能被检查出来。

　　Rank 等报道了一种分流式（split-flow）热敏电阻系统，用于青霉素 V 发酵过程的在线检测。实验在 Novo Nordisk 公司的发酵中试车间进行，发酵罐规模为 0.5 m^3 和 160 m^3。酶柱产生的热信号通过灭活的参考酶柱来校正，以除去非特异性产热。固定化酶为 β 内酰胺酶（lactamase）。在灭菌的外部环中安装有一个切向流通过滤器，使样品连续过滤并进入测定系统。测定结果显示，在线测定的青霉素 V 值比离线 HPLC 测定值高 10%。另一种实验方案是将一支聚丙烯过滤器直接插入 160 m^3 的发酵罐中，样品以 0.5 mL/min 流出。测定结果与离线 HPLC 测定结果十分相近。在线监测由一个笔记本电脑的软件程序控制。

　　类似的工作系统最近被用于头孢菌素（cephalosporins）的分析。将来源于 Bacil-lus cereus 的 I 型青霉素酶和 Haemophilus ducreyi 的 TEM-1-β 内酰胺酶分别固定在 Ni^{2+} 螯合琼脂糖凝胶快速流动系统（Ni^2 chelating sepharose fast flow）。其中，Ni^2 为酶的活化剂。这种系统既能测定青霉素，又能测定头孢菌素。实验观察到，固定化 TEM-1-β 内酰胺酶对所有底物的米氏常数明显增加，尤其是羧苄西林（carbenicillin）、头孢菌素 II（cephaloridine）等。

　　发酵液中常常含有大量悬浮性物质，必须设法避免检测装置堵塞，有三种供选择的方法：一是采用管式反应器，可以大大减少堵塞机会，但固定的酶量少、灵敏度不高；二是利用 CPG 系统，因其灵敏度高，可以允许将发酵液充分稀释，也就减少了堵塞的机会；三是安装透析膜以阻挡大颗粒，如各种过滤器。第三种方法较多被采用。

6.3.2.4　环境污染物分析

环境污染物可以从 3 个方面对生物反应的热效应产生影响。

A　毒性作用

污染物质能抑制代谢，杀死活的生物体或阻碍生物学反应。通过测定生物反应产热的减少来确定污染物的存在与浓度。如 2 × 10^{-8} mol/L 浓度的 Hg^{2+} 能抑制固定化脲酶活性，比较注入含有重金属样品前后的酶活力便能实现对重金属的检测。用一种特殊的缓冲液（通常含络合剂）洗涤酶柱，能使酶活力恢复并得以反复使用。

B 依赖作用

某些酶属重金属依赖型，如碱性磷酸酶（EC 3,1,3,1）需要 Zn^{2+} 作为辅基，失去 Zn^{2+} 后变成无酶活性的脱辅基酶（APO enzyme）。Satoh 将脱辅基酶固定在环氧乙烷-丙烯酸珠上，在管试酶热敏电阻中检测样品中的 Zn^{2+}，根据酶活性的恢复，可以检出 $0.01 \sim 1.0$ mmol/L 浓度的 Zn^{2+}。用 20 mmol/L 的 2,6-吡啶二羧酸溶液能使酶恢复脱 Zn^{2+}，故能反复使用至少 120 次如图 6-14 所示。

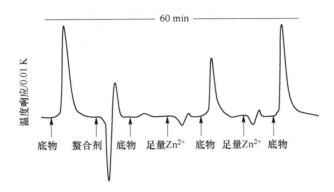

图 6-14 测定 Zn^{2+} 酶热敏电阻的再生/活化响应曲线

C 底物型

许多毒物本身就是酶促反应的底物，如氰酸盐在硫氰酸酶作用下生成硫氰酸，通过放热反应来检测氰酸盐，灵敏度为 10^{-5} mol/mL。此外，用微生物活细胞能进行更为广泛的毒物检测。

6.3.3 微型热敏生物传感器系统

为了发展更加灵敏、通用和便宜的便携式测定仪，Xie 等利用微电子工艺制作了一种微型热敏传感器系统，如图 6-15 所示。以石英玻璃作为基片，其上制作了热电堆。热电堆具有 Seeback 效应：

$$\Delta U = n\Delta ab\Delta T \qquad (6\text{-}11)$$

式中 ΔU——热电堆的电压输出；

n——热电偶的数目；

ΔT——热交汇点（hot junction）与冷交汇点（coldjunction）的温差；

Δab——相对 See-back 系数。

它取决于热电偶两种结合材料的组成和工作温度，可以被认为是常数。因此，一个热电堆的电压输出只与温度差异成比例。在一个热电堆的构造中含有几个热电偶，以提高电压输出质量。放热酶促反应的热交汇点与冷交汇点相比，导致电压输出直接与底物浓度相关。

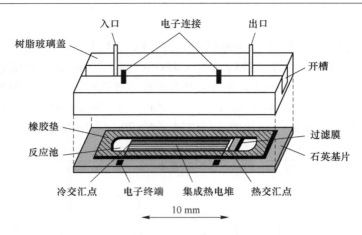

入口   电子连接   出口

树脂玻璃盖

开槽

橡胶垫

过滤膜

反应池

石英基片

冷交汇点   电子终端   集成热电堆   热交汇点

10 mm

图 6-15 热电堆型微型热生物传感器

集成热电堆的制备方法如下：

（1）在以石英芯片（25.2 mm×14.8 mm×0.6 mm）上用 LPCVD 技术涂布一层 0.5 μm 厚的硅胶；

（2）采用离子灌注和氮退火（950 ℃，30 min）方法进行硼掺杂；

（3）用负光刻胶在表面化学造型，并通过铝蒸气沉积使其金属化；

（4）在 200 ℃退火 30 min，用 30 μm 厚的聚酰亚胺膜覆盖。

制成的热电堆面积为 1.6 mm×10 mm，灵敏度为 2 mV/K（22 ℃）。

微型流通池由 0.32 mm 厚的硅橡胶膜形成，尺寸为 17.5 mm×3.6 mm×0.32 mm。入口和出口以及电子连接都装配在树脂玻璃（Plexiglas）盖上。整个器件用聚甲醛树脂支架紧固。从入口端将固定有酶的多孔玻璃珠吸进微通流通池的热交汇点处，大约占据整个流通池体积的 2/3。其余部分用不含酶的玻璃珠填充，以减少反应产生的热向冷交汇点传递。

实验表明，该传感器显示出良好的重现性，用于葡萄糖和青霉素的测定，线性范围达到 100 mmol/L，进样量仅为 20 nL，甚至 1 nL，且灵敏度高于传统的酶热敏电阻，测定周期仅仅为每份样品 30 s。研究者认为，这种微型传感器系统可以使得热敏传感器走出实验室。

微型热敏电阻也用于构建热微分析系统如图 6-16 所示。采用半导体掺杂多晶硅和刻蚀技术沿微型池制备 5 只热敏电阻（T_0，T_1，T_2，T_3，T_4），它们的温度系数为 1.7%/℃（25 ℃），间距 3.5 mm。热敏电阻上面沉积硅氧化物（低温氧化物）使其绝缘。将 T_0 和 T_1、T_2 和 T_3 配对分成两个区域 E_1 和 E_2，分别填充不同的固定化酶珠（NHS 活化的琼脂糖珠，直径为 13 μm），E_0 区域为不含酶的填充珠，用作防止热量向 T_2 下游过度传递。T_0/T_2、T_1/T_3 分别为工作热敏电阻和参比热敏电阻。

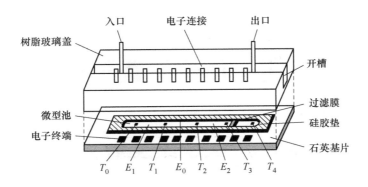

图 6-16　热电堆型微型热生物传感器系统

用上述开发的微型热生物传感器，Xie 等作了一系列应用研究。例如用作全血血糖测定系统中共固定有 GOD 和过氧化氢酶，载体为 CPG 多孔玻璃珠。血液样品不需要任何预处理，进样量为 1 nL，测定周期大约为 40 s，线性范围为 0.5 ~ 20 mmol/L。测定结果与 Reflolux-S 分析仪的相关系数为 0.98。对 100 份血液样品的测定，相对标准差（relativestandard deviation）为 3.7%。测定全血中的尿素和乳酸，固定相分别为脲酶和乳酸氧化酶/过氧化氢酶。缓冲液流速为 70 nL/min，进样量为 1 nL/min，测定线性范围为：尿素 0.2 ~ 50 mmol/L，乳酸 0.2 ~ 14 mmol/L。相对差分别为 0.91% 和 1.84%。对全血中尿素测定进行 50 次重复测定，变异系数 CV 为 4.1%。在全血中添加各种浓度的尿素和乳酸，制备 30 份样品，分别用传感器法和分光光度计法测定，在尿素浓度为 4 ~ 20.9 mmol/L、乳酸浓度为 1.7 ~ 12.7 mmol/L 范围，两种方法的相关系数分别为 0.989 和 0.984。

用两种酶系统对多参数测定系统进行了论证性实验（图 6-17）：脲酶/青霉素酶和脲酶/GOD。该流动注射热微型生物传感器包括 5 只薄膜热敏电阻，每只电阻都以琼脂糖珠为酶的固定化载体，按顺序将各固定化酶填充到微通道的相应区域。同步测定了含尿素、青霉素 V 和含尿素、葡萄糖的样品。测定条件为：流速，30 nL/min，进样体积 20 nL，线性范围上限分别为：尿素 20 mmol/L；青霉素 V 40 mmol/L；葡萄糖（氧饱和）8 mmol/L，如图 6-18 所示。对尿素和青霉素测定的相对标准差分别为 1.13% 和 2.42%（100 份样品）、1.17% 和 2.78%（200 份样品），传感器系统每小时能够测定 25 份样品。进一步的设计是 6 只薄膜热敏电阻系统。该工作系统采用差分分析法，即每个微通道反应区域含有固定化酶基质和一对热敏电阻。与前述工作系统相比，该系统在测定性能上没有明显改进。

将微型热流动注射分析生物传感器与微透析探针结合，还可以进行皮下葡萄

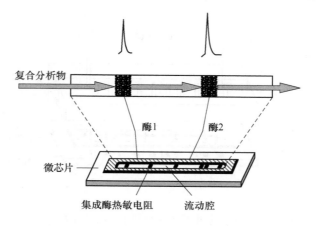

图 6-17　多参数测定流动注射热生物传感器阵列示意图

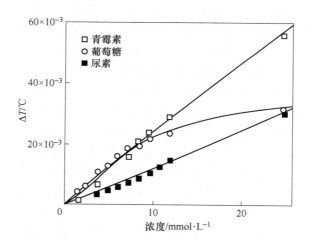

图 6-18　同步测定混合物中葡萄糖、尿素和青霉素的标准曲线

糖连续测定。酶柱为共固定的 GOD 和过氧化氢酶，缓冲液流速为 60 $\mu L/min$，样品注射量为 1 μL，流动管路与微透析探针及取样环（体积为 1 μL）相连。体外实验传感器的响应时间为 85 s，取样速度为 42 次/h。用该系统对健康自愿受试者的皮下组织葡萄糖和血液中的葡萄糖浓度谱进行测定分析，结果与血糖测定仪具有可比性。

6.3.4　杂合热生物传感器

为了提高热生物传感器的灵敏度，Lund 大学的热生物传感器专家与德国 Potsdam 大学的电化学生物传感器专家共同设计了一种热-电化学杂合生物传感器，该传感器系统能够同时测量酶促反应产生的热学信号和电化学电流信号，如图 6-19 所示。与传统的酶柱不同，该酶柱用铂箔片制作，箔片与一个聚吡咯包被的网状玻璃碳（reticulated vitreouscarbon）基质之间导电连接。基质上固定有酪氨酸酶（tyrosinase）。该酶柱如同一个酶反应器，儿茶酚（catechol）经酪氨酸酶氧化产生 1,2-苯醌（benzoquinone），苯醌继而在电极表面上形成电化学电流，同时，酶反应产生的原始热也被热敏电阻测定。初步研究表明，在高和低氧浓度条件下，两种信号有很好的相关性。测定儿茶酚的线性范围为 12.5 ~ 250 nmol/L。

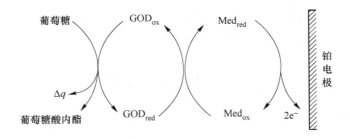

图 6-19　二茂铁介导的热生物传感器原理 Δq 为葡萄糖酶促反应产生的热

7 生 物 芯 片

生物芯片，又称蛋白芯片或基因芯片，它们是 DNA 杂交探针技术与半导体工业技术相结合的结晶。该技术系指将大量探针分子固定于支持物上后与带荧光标记的 DNA 或其他样品分子（例如蛋白，因子或小分子）进行杂交，通过检测每个探针分子的杂交信号强度进而获取样品分子的数量和序列信息。

7.1 基 因 芯 片

基因芯片（gene chip）技术是生物芯片中的一种，是生命科学领域里兴起的一项高新技术，它集成了微电子制造技术、激光扫描、分子生物学、物理和化学等先进技术。生物芯片是指将成千上万的靶分子（如 DNA、RNA 或蛋白质等）经过一定的方法有序地固化在面积较小的支持物（如玻璃片、硅片、聚丙烯酰胺凝胶、尼龙膜等）上，组成密集分子排列，然后将已经标记的样品与支持物上的靶分子进行杂交，经洗脱、激光扫描后，运用计算机将所得的信号进行自动化分析。这种方法不仅节约了试剂与样品，而且节省大量的人力、物力与时间，使检测更为快速、敏感和准确，是目前生物检测中效率高、最为敏感和最具前途的技术。根据在支持物上所固定的靶分子的种类可以将生物芯片分为基因芯片、蛋白质芯片（protein chip）、组织芯片（tissue microarray）和芯片实验室（lab on chip）等。目前技术比较成熟、应用最广泛的是基因芯片技术，在基因组的表达分析、药物筛选、模式生物的基因表达及功能研究、遗传性疾病基因诊断、病原微生物的诊断等方面都有广泛的应用，是一种高效、大规模获取相关生物信息的重要手段。

7.1.1 基因芯片的定义及特点

7.1.1.1 基因芯片的定义

基因芯片采用大量特定的寡核苷酸片段或基因片段作为探针，有规律地固定于与光电测量装置相结合的硅片、玻璃片、塑料片或尼龙基底等固体支持物上，形成二维阵列，与待测的标记样品的基因按碱基配对原理进行杂交，从而检测特定基因。图 7-1 即为一种基因芯片器件的构造。基因探针利用核酸双链的互补碱基之间的氢键作用形成稳定的双链结构，通过检测目的基因上的光电信号来实现样品的检测，从而使基因芯片技术成为高效地大规模获取相关生物信息的重要手段。

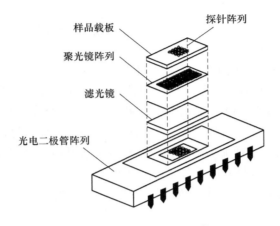

图 7-1 一种基因芯片器件

目前该技术主要应用于基因表达谱分析、新基因发现、基因突变及多态性分析、基因组文库作图、疾病诊断和预测、药物筛选、基因测序等。基因芯片是生物芯片研究中最先实现商品化的产品。从 20 世纪 80 年代初 SBH（sequencing by hybridization）概念的提出，到 90 年代初以美国为主开始进行的各种生物芯片的研制，芯片技术得以迅速发展。

7.1.1.2 基因芯片检测技术的特点

（1）高通量、多参数同步分析。目前基因芯片制作工艺可达到在 1 cm² 的载体平面上固定数万至数十万个探针，可对样品中数目巨大的相关基因甚至整个基因组及信息进行同步检测和分析。

（2）快速全自动分析。在一定条件下使样品中的靶基因片段同时与芯片的探针各自杂交，并采用扫描仪器测量杂交信号和分析处理数据。从根本上提高了检测工作的速度和效率，也极大降低了检测工作的强度和难度。

（3）高精确度分析。由于芯片上的每一个点（探针）都可以精确定位和寻址，加上每一个探针都可以精确设计及制备，因此可以精确检测出不同的靶基因、同一靶基因不同的状态以及在一个碱基上的差别。

（4）高精密度分析。商品化芯片制作上的精密及检测试剂和方法上的统一在一定程度上保证了芯片检测的精密度和重现性，使不同批次乃至不同实验室之间的检测结果可以进行有效对比及分析。

（5）高灵敏度分析。芯片选用了不易产生扩散作用的载体，探针及样品靶基因的杂交点非常集中，加上杂交前样品靶基因的扩增和杂交后检测信号的扩增，极大地提高了检测的灵敏度，可以检测出 1 个细胞中低至 1 个拷贝的靶基因，从而使检测所需的样品量大幅度减少，一般只需要 10 ~ 20 μL 样品。

7.1.1.3 基因芯片的分类

基因芯片的原理并不复杂，但其类型较为繁多，可以依据不同的分类方法进行分类，一般可分为以下几种。

（1）按照载体上所点 DNA 种类的不同，基因芯片可分为寡核苷酸芯片和 cDNA 芯片两种。寡核苷酸芯片一般以原位合成的方法固定到载体上，具有密集程度高、可合成任意序列的寡核苷酸等优点，适用于 DNA 序列测定、突变检测、SNP 分析等。但其缺点是合成寡核苷酸的长度有限，因而特异性差，而且随着长度的增加，合成错误率增加。寡核苷酸芯片也可通过预合成点样制备，但固定率不如 cDNA 芯片高。寡核苷酸芯片主要用于点突变检测和测序，也可以用作表达谱研究。美国 Affymetrix 公司于 20 世纪 80 年代末率先开展了这方面的研究，1991 年该公司生产了世界上第一块寡核苷酸芯片。cDNA 芯片是将微量的 cDNA 片段在玻璃等载体上按矩阵密集排列并固化，其基因点样密度虽不及原位合成寡核苷酸芯片高，但比用传统载体如混合纤维素滤膜或尼龙膜的点样密度要高得多，可达到每张载玻片上 6 万个基因。cDNA 芯片最大的优点是靶基因检测特异性非常好，主要用于表达谱研究。

（2）按照载体材料分类。载体材料可分为无机材料和有机材料两种：无机材料有玻璃、硅片、陶瓷等；有机材料有有机膜、凝胶等。膜芯片的介质主要采用的是尼龙膜，其阵列密度比较低，用到的探针量较大，检测的方法主要是用放射性同位素的方法，检测的结果是一种单色的结果。而以玻璃为基质的芯片，阵列密度高，所用的探针量少，检测方法具有多样性，所得结果是一种彩色的结果，与膜芯片相比，结果分辨率更高一些，分析的灵活性更强。

（3）按照点样方式的不同可以分为原位合成芯片、微矩阵芯片、电定位芯片三类。原位合成法有三种制备方法，一种是将光蚀刻技术运用到 DNA 合成化学中，以单核苷酸或其他生物大分子为底物，在玻璃晶片上原位合成寡核苷酸，每次循环都有特定的核苷酸结合上去，直至达到设定的寡核苷酸长度，每个寡核苷酸片段代表了一种特定的基因，存在于 DNA 芯片的特定位置上，可合成任意序列的 15 ~ 25 个碱基长度的片段。二是利用喷墨原理将单核苷酸前体喷到设定的位置。这种方法类似于喷墨打印机，修改的喷墨泵将 100 pL 的合成试剂滴在含有化学活性的氢氧基团的疏水表面，定位合成寡核苷酸，喷墨方法合成更快，较容易建立新的阵列。三是用物理方法限定前体物质的位置，用这种方法只需几步就能完成不同的、相关序列的复杂矩阵。将前体物通过正交管道就能合成选定长度的所有序列矩阵。微矩阵芯片是将 PCR 等方法得到的 cDNA、寡聚核苷酸片段等用针点或喷点的方法直接排列到玻璃片等介质上，从而制备成芯片，其优点是成本低、容易操作，而且其点样密度通常能满足需要。电定位芯片是利用静电吸引的原理将 DNA 快速定位在硅基质或导电玻璃上，其优点是在电力推动下可使杂交快速进行，但制作工艺复杂，点样密度低。

（4）按照基因芯片的用途可分为基因表达芯片和 DNA 测序芯片。基因表达芯片可以将克隆到的成千上万个基因探针或 cDNA 片段固定在一块 DNA 芯片上，对来源不同的个体、组织、细胞周期、发育阶段、分化阶段、不同的病变、不同的刺激下的细胞内 mRNA 或反转录后产生的 cDNA 进行检测，从而对这些基因表达的个体异性、病变特异性、刺激特异性进行综合分析和判断，迅速将某个或某几个基因与疾病联系起来，极快确定这些基因的功能，同时可进一步研究基因与基因间相互作用关系。DNA 测序芯片则是对大量的基因进行序列分析。

7.1.2 基因芯片的工作原理

基因芯片技术是应用已知核酸序列作为探针与互补的靶核苷酸序列杂交，通过获得杂交信号对被检测靶基因进行定性、定量分析，该技术将大量的探针集成于一张微小的片基表面，从而能在同一时间对大量基因进行平行分析，获取大量的生物信息。基因芯片技术的研究过程包括以下四个基本步骤：

（1）DNA 探针的大量收集和纯化，基因芯片探针制备方法可以是根据基因设计特异性的 PCR 引物，对基因进行特异性地扩张，也可以是建立均一化的 cDNA 文库，通过克隆鉴定、筛选、扩增产生；

（2）将纯化后的探针固化在片基上，首先要将片基（主要用的是玻璃片）进行特殊的化学处理，使玻璃片醛基化或氨基化，其次将纯化的探针通过显微打印或喷打在片基上，最后将打印好的玻璃片进行后处理，如水合化、加热或紫外交联等；

（3）样品的标记，标记的方法一般是采用逆转录法或随机引物延伸法等；

（4）杂交后芯片的扫描，图像数据的采集和数据分析。

从上可以看出，基因芯片技术是一个多步骤、多环节、比较复杂的技术，其中的每一个环节都直接关系到芯片的可应用性和结果分析。首先在探针获取方面，传统的方法如特异引物法所设计的引物对太多且复杂，在实际中很难应用；构建文库法是目前主要采用的方法，但需要早期投入较大的经费。同时探针的质量要有保证，即最好的碱基长度相差不能太大，比较适中才能保证芯片杂交温度的均一性，使得杂交条件易于控制。由于探针数目较大，对其要进行适当的管理。因此 DNA 芯片的研究过程主要包括基因芯片的制备、分子杂交、信号检测与结果分析，下面具体介绍每个方向的内容。

7.1.2.1 基因芯片的制备

可以采用常规分子生物学技术进行探针的制备，具体有三种方法：

（1）基因克隆与 PCR 扩增技术；

（2）RT-PCR 扩增基因片段；

（3）人工合成寡核苷酸片段，在传统的 DNA 合成仪上可合成少于 100 nt 的单链 DNA 片段。

这种方式制备的探针可以是合成的寡核苷酸片段，也可以是从基因组中制备的、较长的基因片段或 cDNA，可以是双链、单链的 DNA 或 RNA 片段，还可用肽核酸作为探针。

由于芯片种类较多，其制备方法也不尽相同，在传统上基本可分为两大类：一类是原位合成；另一类是直接点样。原位合成适用于寡核苷酸，直接点样多用于大片段 DNA，有时也用于寡核苷酸甚至 mRNA。原位合成主要有光刻法和压电打印法两种途径。光刻法可以合成 30 nt 左右，打印法可以合成 40 ~ 50 nt；光刻法每步缩合率较低，一般为 95% 左右，合成 30 nt 产率仅 20%；喷印法每步缩合率可达 99% 以上，合成 30 nt 产率可达 74%。从这个意义上来说，喷印法的特异性比光刻法高，此外喷印法不需特殊的合成试剂。与原位合成法比较，点样法较为简单，只需将预先制备好的寡核苷酸或 cDNA 等样品通过自动点样装置点样于经原位特殊处理的玻璃片或其他材料上即可。

（1）原位光刻合成。寡聚核苷酸原位光刻合成技术是由 Affymetrix 公司开发的，它是利用固相化学、光敏保护基及光刻技术得到位置确定、高度多样性的化合物集合，由这种方法得到的芯片通常称为 Genechip™。合成的第一步是利用光照射使固体表面上的羟基脱保护，然后固体表面与光敏保护基保护、亚磷酰胺活化的碱基单体接触，一个 5′ 端保护的核苷酸单体连接上去，合成只在那些脱去保护基的地方发生，这个过程反复进行直至合成完毕。该法中光敏保护基用于保护碱基单位的 5′ 羟基；光照区域就是要合成的区域，该过程通过一系列的掩盖物（mask）来控制，在合成循环中探针数目呈指数增长。如某一含 n 个核苷酸的寡聚核苷酸，通过 4n 个化学步骤能合成出 4^n 个可能结构，在玻璃片上进行 32 步化学反应，时间为 8 h，就可能得到所有 65536 个不同的 8 nt 寡核苷酸。这种方法可以使 1 cm² 玻璃片上的探针数量达 10^6 个，每个探针在 5 ~ 10 μm 的方形区域内，探针的间距约为 20 μm。这种方法最大的优点就是在一个较小的区域可以制造大量不同的探针。已有用于检测艾滋病病毒、乳腺癌、卵巢癌（BRCAI）等疾病的相关基因及监控药物代谢的 CY450 等多种基因芯片。但是基因芯片的这种制备方法需要预选设计、制造一系列掩盖物，造价较高；制造过程中采用光脱保护方式，掩盖物孔径较小时会发生光衍射现象，制约了探针密度的进一步提高，而且光脱保护不彻底，每步产率只有 92% ~ 94%。因此这种方式只能合成 30 nt 左右的寡核苷酸探针，同时探针区域由于存在大量不成功的合成片段，杂交背景较高，不适于定量检测。

（2）原位打印合成。芯片原位打印合成原理与喷墨打印类似，不过芯片喷印头和墨盒有多个，墨盒中装的是四种碱基等液体而不是碳粉。喷印头可在整个芯片上移动并根据芯片上不同位点探针序列的需要，将特定的碱基喷印在芯片上的特定位置。该技术采用的化学原理与传统的 DNA 固相合成一致，因此不需要特殊制备的化学试剂。合成过程为合成前以光引导原位合成类似的方式对芯片片基进行预处理，使其带有反应活性基团，如伯氨基。同时将合成用前体分子（DNA 合成碱基、cDNA 和其他分子）放入打印墨盒内，由计算机依据预定的程序在 x、y、z 方向自动控制打印喷头在芯片支持物上移动，并根据芯片不同位点探针序列需要将特定的碱基合成前体试剂（不足纳升）喷印到特定位点。喷头从微孔板上吸取探针试剂后移植到处理过的支持物上，通过热敏式或声控式或喷射器的动力把液滴喷射到支持物表面。喷印上的试剂即以固相合成原理与该处支持物发生偶联反应。由于脱保护方式为酸去保护，所以每步延伸的合成产率可以高达 99%，合成的探针长度可以达到 40~50 nt。以后每轮偶联反应依据同样的方式将需要连接的分子喷印到预定位点进行后续的偶联反应，类似地重复此操作可以在特定位点按照每个位点预定的序列合成出大量的寡核苷酸探针。

（3）分子印章原位合成。分子印章技术与上述两种方法在合成原理上相同，区别仅在于该技术利用预先制作的印章将特定的合成试剂以印章印刷的方式分配到支持物的特定区域。后续反应步骤与压电打印原位合成技术相似。分子印章类似于传统的印章，其表面依照阵列合成的要求制作成凹凸不平的平面，依此将不同的核酸或多肽合成试剂按印到芯片片基特定的位点，然后进行合成反应。选择适当的合成顺序、设计凹凸位点不同的印章即可在支持物上原位合成出位置和序列预定的寡核苷酸或寡肽阵列。从这一点上讲，分子印章原位合成技术与压电打印原位合成技术更为相似。分子印章除了可用于原位合成外，还可以用点样方式制作微点阵芯片。例如，已有人将分子印章技术用于蛋白微点阵芯片的制作。以上三种原位合成技术所依据的固相合成原理相似，只是在合成前体试剂定位方面采取了不同的解决办法，并由此导致了许多细节上的差异。但是三种方法都必须解决的问题是必须确保不同聚合反应之间的精确定位，这一点对合成高密度寡核苷酸或多肽阵列尤为重要。同时由于原位合成每步合成产率的局限，较长（大于50 nt）的寡核苷酸或寡肽序列很难用这种方法合成。然而由于原位合成的短核酸探针阵列具有密度高、杂交速度快、效率高等优点，而且杂交效率受错配碱基的影响很明显，所以原位合成的 DNA 微点阵适合于进行突变检测、多态性分析、表达谱检测、杂交测序等需要大量探针和高的杂交严谨性的实验。

（4）点样法。将合成好的探针、cNDA 或基因组 DNA，用特殊的自动化微量点样装置将其以较高密度、互不干扰地印点于经过特殊处理的硅片、玻璃片、尼龙膜、硝酸纤维素膜上，并使其与支持物牢固结合。支持物需预先经过特殊处理，如多聚赖氨酸或氨基硅烷等。也可用其他共价结合的方法将这些生物大分子牢牢地附着于支持物上。采用的自动化微量点样装置有一套计算机控制三维移动装置、多个打印/喷印针的打印/喷印头、一个减震底座（上面可放置内盛探针的多孔板和多个芯片）。根据需要还可以有温度和湿度控制装置、针洗涤装置。打印/喷印针将探针从多孔板取出，直接打印或喷印于芯片上。直接打印时针头与芯片接触，而喷印时针头与芯片保持一定距离。打印法的优点是探针密度高，通常 1 cm² 可打印 2500 个探针；缺点是定量准确性及重现性不好，打印针易堵塞且使用寿命有限。喷印法的优点是定量准确，重现性好，使用寿命长；缺点是喷印的斑点大，因此探针密度低，通常 1 cm² 只有 400 点。国外有多实验室和公司研究开发打印/喷印设备，目前有一些已经商品化，如美国 Biodot 公司的"喷印"仪以及 Cartesian Technologies 公司的 Pix-Sys NQ/PA 系列"打印"仪。这些自动化仪器依据所配备的"打印"或"喷印"针，将生物大分子从多孔板吸出直接"打印"或"喷印"于芯片片基上。"打印"时针头与芯片片基的表面发生接触，而"喷印"时针头与片基表面保持一定的距离。所以"打印"仪适宜制作较高密度的微阵列（如 2500 点/cm²），"喷印"法由于"喷印"的斑点较大，所以只能形成较低密度的探针阵列，通常 400 点/cm²。点样法制作芯片的工艺简单便于掌握、分析设备易于获取，适宜用户按照自己的需要灵活机动地设计微点阵，用于科研和实践工作。合成后点样有较为明显的优点，制备方法较直接，不需要原位合成那样较复杂的技术；点样的样品可以事先纯化；交联的方式多样；而且可以通过调节探针的浓度使不同碱基组成的探针杂交信号一致，研究者可以方便地设计、制备符合自己需要的基因芯片。但是芯片的这种制备过程中，样品浪费较为严重，对寡核苷酸的化学修饰也会增加合成成本，而且芯片制备前需要储存大量样品。

7.1.2.2　一些新的制备基因芯片的技术

（1）微电子芯片。利用微电子工业常用的光刻技术，芯片被设计构建在硅/二氧化硅等基底材料上，如图 7-2 所示，经热氧化，制成 1 mm × 1 mm 的阵列，每个阵列含多个微电极，在每个电极上通过氧化硅沉积和蚀刻制备出样品池。将连接链亲和素的琼脂糖覆盖在电极上，在电场作用下生物素标记的探针即可结合在特定电极上。目前已研制出含 25 个圆形微定位位点（直径 80 μm）的 5×5 阵列及含 100 个微定位位点（直径 80 μm）的 10×10 阵列的芯片。电子芯片最大特点是杂交速度快，可大大缩短分析时间，但制备复杂、成本高。

（2）三维生物芯片。这种芯片技术主要是利用官能团化的聚丙酰胺凝胶块作为基质来固定寡核苷酸。通常的制备方法是将有活性基团的物质或丙烯酰胺衍生物与丙烯酰胺单体在玻璃板上聚合，机械切割出三维凝胶微块，使每块玻璃片上有 10000 个微小聚乙烯酰胺凝胶条，每个凝胶条可用于靶 DNA、RNA 和蛋白

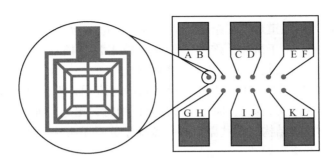

图 7-2　电子基因芯片

质的分析，光刻或激光蒸发除去凝胶块之间的凝胶，再将带有活性基团（氨基、醛基等）的 DNA 点加到凝胶上进行交联，已有专门的仪器用于将 DNA 样品转移到凝胶块上。也可利用丙烯酰胺修饰的寡核苷酸与丙烯酰胺单体在硅化玻璃板或塑料微量滴定板上共聚而将寡核苷酸固定。先把已知化合物加在凝胶条上，再用 3 cm 的微型玻璃毛细管将待测样品加到凝胶条上，每个毛细管能把小到 0.2 nL 的体积打到凝胶上。三维生物芯片具有其他生物芯片不具有的优点：

1）凝胶条的三维化能加进更多的已知物质，固定的寡核苷酸的量较大，每种探针的量为 3 ~ 300 fmol，是二维芯片中样品量的 100 倍，被检测品 DNA 可以不带报告分子，增加了敏感性；

2）可以在芯片上同时进行扩增与检测，一般情况下必须在微量多孔板上先进行 PCR 扩增，再把样品加到芯片上，因此需要进行许多额外操作，该芯片所用凝胶体积很小，能使 PCR 扩增体系的体积减小 1000 倍（总体积约纳升级），从而节约了每个反应所用的 PCR 酶（约减少 100 倍）；

3）以三维构象形式存在的蛋白和基因材料可以其天然状态在凝胶条上分析，可以进行免疫测定、受体-配体研究和蛋白组分析；

4）杂交反应快，还可以显著提高碱基错配识别能力。

但是这种方法形成的阵列形式必须先用凝胶制备，凝胶块之间的玻璃必须是憎水表面以防止样品产生交叉污染，而且样品 DNA 分子需要较长的时间才能进入凝胶内部与探针分子发生杂交。

（3）流过式芯片（flow-thru chip）。Gene Logic 正在开发一种在芯片片基上制成格栅状微通道，设计及合成特定的寡核苷酸探针，结合于微通道内芯片的特定区域。从待测样品中分离 DNA 或 RNA 并对其进行荧光标记，然后该样品流过芯片，固定的寡核苷酸探针捕获与之相互补的核酸，采用 Gene Logic's 信号检测系统分析结果。流通式芯片用于高通量分析已知基因的变化，其特点在于：

1）敏感度高，由于寡核苷酸吸附表面的增大，流过式芯片可监测稀有基因表达的变化；

2）速度快，微通道加速了杂交反应，减少了每次检测所需时间；

3）价格较低，由于采用特殊的共价化学技术将寡核苷酸吸附于微通道内，每一种流过式芯片可反复使用，从而成本降低。

（4）PNA 芯片。尽管 DNA 芯片已经得到广泛应用，但是在杂交过程中也会出现一些非特异性杂交，如当 dsDNA 作为分析物时，靶与互补链恢复性；ssDNA 也会形成二级、三级结构，这些副作用导致探针分子无法接近靶核酸，严重影响探针与靶序列的杂交，导致杂交信号的减弱甚至丧失。解决这个问题的方法之一就是利用物理性质与靶核酸不同的探针，如 DNA 类似物 PNA（peptide nucleic acid，肽核酸），PNA 是一种以 N-(2-氨乙基)-甘氨酸取代糖磷酸主链的核酸衍生物，与 DNA 探针相比 PNA 探针具有更高的亲和力及序列特异性。Geiger 研究了 PNA 阵列进行突变检测的条件及可行性，发现 PNA 在低盐浓度下，双链靶 DNA 不需要变性即可直接进行检测，而且 PNA 具有更好的碱基错配识别能力。

7.1.2.3 样品的制备

待分析基因在与芯片上的探针杂交之前，一般需要进行样品的分离纯化、扩增及标记。根据样品来源、含量及检测方法和分析目的的不同，采用的基因分离、扩增及标记方法各异。常规的基因分离、扩增及标记技术完全可以采用，但操作烦琐且费时。高度集成的微型样品处理系统如细胞分离芯片及基因扩增芯片等是实现上述目的的有效手段和发展方向。首先从血液或活组织中分离出 DNA 或 mRNA，这个过程中包括细胞的分离、破裂、去蛋白、提取及纯化核酸等过程。由于目前芯片中检测仪器的灵敏度有限，因此样品中分离纯化的核酸需要进行高效的扩增。样品的标记主要采用荧光标记法，也可用生物素、放射性同位素等标记，样品的标记在其 PCR 扩增、反转录酶等过程中进行，反应中 DNA 聚合酶、反转录酶等可选择荧光标记的 dNTP 作为底物，在拷贝延伸的过程中将其掺入新合成的 DNA 片段中，还可以在 PCR 过程中应用末端荧光标记的引物，使新形成的 DNA 链末端带上荧光。目前常用的有有机荧光材料和无机荧光材料两大类。有机荧光材料包括普通荧光标记材料、稀土络合物、荧光蛋白；无机荧光材料包括放射性元素、半导体纳米晶体、金纳米颗粒、银纳米颗粒、稀土颗粒。常用的是有机荧光材料中的酞菁类和花菁类染料，这类染料包括目前应用较多的 Cy3、Cy5、Cy7，荧光光谱位于 $600 \sim 700$ nm，随着苯环的并入而形成萘酞菁，其荧光谱也进一步移至 700 nm 以上。通过调控波长，使之与激光二极管的发射波长相匹配，从而获得最大的激光诱惑荧光强度，可以大大提高检测的灵敏度，同时减小设备投资与操作费用，简化操作。在微阵列分析中，多色荧光标记可以在一个分析中同时对两个或多个生物样品进行多重分析，多重分析能大大地增加基因表达和突变检测结果的准确性，排除芯片与芯片间的人为因素。

7.1.2.4 分子杂交

待测样品经扩增、标记等处理后即可与 DNA 芯片上的探针阵列进行分子杂交。芯片的杂交与传统的 Southern 印迹杂交等类似，属固-液相杂交。探针分子固定在芯片表面，与位于液相的靶分子进行反应。二者的区别在于，传统的杂交过程将待测样品固定于滤膜上，与同位素标记的探针在一定杂交条件及温度下进行杂交，一般需要较长时间才能完成分子杂交过程，且每次只能检测为数不多的一个到几个探针；DNA 芯片将已知序列的 DNA 探针显微固定于支持物的表面，而将待测样品进行标记并与探针阵列进行杂交。这种方法不仅使得检测过程平行化，可以同时检测成百上千的基因序列，而且由于集成的显微化，杂交所需的探针数及待测样品量均大为减少，杂交时间明显缩短。

芯片杂交的特点是探针的量显著高于靶基因片段，一次可以对大量生物样品进行监测分析，杂交过程只要 30 min，杂交动力学呈线性关系。杂交信号的强弱与样品中靶基因的量成正相关。由于探针分子的一端结合在芯片表面，液相中的靶分子难以向该端的探针分子靠近，也就是说支持物对靶分子的杂交反应存在空间阻碍，导致两者不能迅速发生作用，互补形成双链，因此杂交时间延长。这可通过提高靶分子的浓度来克服。此外若探针密度很高，则探针分子间也存在空间位阻。在探针分子与支持物间加入适当长度的连接臂，使固化的探针分子与支持物隔开一定距离，可减少空间阻碍作用，从而使杂交效率提高。杂交条件的选择与研究目的有关，多态性分析或者基因测序时，每个核苷酸或突变位点都必须检测出来。通常设计出一套四种寡聚核苷酸，在靶序列上跨越每个位点，只在中央位点碱基有所不同，根据每套探针在某一特定位点的杂交严谨程度，即可测定出该碱基的种类。如果芯片仅用于检测基因表达，只需设计出针对基因中的特定区域的几套寡聚核苷酸即可。表达检测需要长的杂交时间，更高的严谨性，更高的样品浓度和低温度，这有利于增加检测的特异性和低拷贝基因检测的灵敏度。突变检测要鉴别出单碱基错配，需要更高的杂交严谨性和更短的时间。

杂交反应还必须考虑杂交反应体系的实验条件，如杂交液的盐浓度、杂交温度、杂交时间、探针序列的 G + C 含量、探针所带电荷情况、探针与芯片之间连接臂的长度及种类、检测基因二级结构等的影响，要根据探针的长度、类型及芯片的应用来选择并优化。有资料显示，探针和芯片之间适当的连接臂可使杂交效率提高 150 倍，连接臂上任何正或负的电荷都将减少杂交效率。由于探针和检测基因均带负电荷，因此影响它们之间的杂交结合，为此有人提出用不带电荷的 PNA 作探针。虽然 PNA 的制备比较复杂，但与 DNA 探针比较有许多特点，如不需要盐离子，因此可防止检测基因二级结构的形成。由于 PNA-DNA 结合更加稳定和特异，因此更有利于单碱基错配基因的检测。

7.1.2.5 检测分析

待测样品与芯片上的探针阵列杂交后，荧光标记的样品结合在芯片的特定位置上，未杂交分子被除去，然后在激光的激发下含荧光标记的 DNA 片段发射荧光。样品与探针严格配对的杂交分子的热力学稳定性较高，所产生的荧光强度最强；不完全杂交（含单个或两个错配碱基）的双链分子的热力学稳定性低，荧光信号弱，不到前者的 1/35 ~ 1/5；不能杂交则检测不到荧光信号或只检测到芯片上原有的荧光信号，而且荧光强度与样品中靶分子的含量存在一定的线性关系。用计算机控制的高分辨荧光扫描仪可获得结合于芯片上目的基因的荧光信号，通过计算机处理即可给出目的基因的结构或表达信息。扫描一张 10 cm² 的芯片需要 2 ~ 6 min。目前已有四五家生产扫描仪的公司，根据原理不同可分为两类：一是激光共聚焦显微镜的原理；另一种是 CCD 摄像原理，如图 7-3 所示。前者的特点是灵敏度和分辨率较高，扫描时间长，比较适合研究用；后者的特点是扫描时间短，灵敏度和分辨率较低，比较适合临床诊断用。

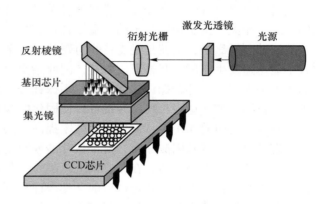

图 7-3　CCD 摄像检测装置

7.1.3　基因芯片的应用

7.1.3.1　基因表达检测

基因表达谱可以直观地反映出基因组中各基因间的相互关系，以及在不同状态和条件下基因的转录调控水平，从而可以通过基因组转录效率来获得共同表达的基因及其调控信息，为探索基因调控的机理提供了一条有效的途径。人类基因组编码大约有 100000 个不同的基因，要理解其基因功能，仅掌握基因序列信息资料是远远不够的，因此具有监测大量 mRNA 的实验工具很重要。基因芯片技术可清楚、直接、快速地检测出以 1 : 300000 水平出现的 mRNA，且易于同时平行检测数以千计基因的转录水平。Lockhart 对芯片技术定量检测基因表达及其敏感性、特异性进行了研究。结果显示 10 种细胞因子 mRNA 与来源于 B 细胞 cDNA 文库的标记 RNA 混合，标记 RNA 的水平在 1 : 300000 ~ 1 : 300，40 ℃平行杂交 15 ~ 16 h，可重复性地检测出该 10 种细胞因子 RNA，且杂交强度与 1 : 300000 ~

1 : 3000 的 RNA 靶浓度呈线性关系，在 1 : 3000 ~ 1 : 300 信号则呈现 4 或 5 倍增强。另一实验中，小鼠 B 细胞制备的 cDNA 文库中，已知白介素 10（IL-10）的水平在 1 : 60000 ~ 1 : 30000，将 1 : 300000 水平的 IL-10 混合到样品中，仍能正确地检测出加入的 IL-10 RNA 量，这提示芯片技术能敏感地反映基因表达中微小变化。Floresmm 等用互补 DNA 芯片对患有严重脑垂体缺乏的动物进行分析，结果发现该病导致多种功能细胞基因表达异常，患病动物长期服用人生长激素（GH）后，基因表达有明显改善。

7.1.3.2　寻找新基因

基因表达水平的定量检测在阐述基因功能、探索疾病原因及机理、发现可能的诊断及治疗靶等方面是很有价值的。例如，Heller 等在炎症性类风湿性关节炎（RA）和炎症性肠病（IBO）的基因表达研究中，以 RA 或 IBO 组织制备探针，用 Cy3 和 Cy5 荧光素标记，然后与靶 cDNA 微阵列杂交，在检测出炎症诱导的 TNF-α、IL-10 或粒细胞集落刺激因子基因的同时，又发现一些以前未发现的基因，如 HME 和黑色素瘤生长刺激因子基因。Schena 等报道了 cDNA 微阵列在人类基因表达监测、生物学功能研究和基因发现方面的应用。他们采用含 1046 个已知序列的 cDNA 微阵列，对 T 细胞热休克反应进行了检测，结果发现 17 个阵列成分的荧光比例明显改变，其中 11 个受热休克处理的诱导，6 个呈现中度抑制，对相应于 17 个阵列成分的 cDNA 测序发现 5 个表达最高的成分是 5 种热休克蛋白，17 个克隆中发现 3 个新序列。上述实验提示在缺乏任何序列信息的条件下，微阵列可用于基因发现和基因表达检测。目前大量人类表达序列标记物（ESTs）给 cDNA 微阵列提供了丰富的资源，数据库中 400000 个 ESTs 代表了所有人类基因，成千上万的 ESTs 微阵列将为人类基因表达研究提供强有力的分析工具，将大大加速人类基因组的功能分析。

7.1.3.3　DNA 测序

人类基因组计划的实施促进了更高效率、能够自动化操作的测序方法的发展。芯片技术中杂交测序（SBH）技术和邻堆杂交（CSH）技术都是新的高效快速测序方法。与经典的 Sanger 测序相比，芯片测序的一致性达到 98%。Mark Chee 等对全长 16.6 kb 的人体粒体基因组进行重测序，准确率高达 99%；Wallraff G 等用含 65536 个 8 聚寡核苷酸的微阵列，采用 SBH 技术，可测定长 200 bp 的 DNA 序列。如用 67108864 个 13 聚寡核苷酸的微阵列，可对数千个碱基长的 DNA 测序。SBH 技术的效率随着微阵列中寡核苷酸数量与长度的增加而提高，但微阵列中寡核苷酸数量与长度的增加则提高了微阵列的复杂性，降低了杂交准确性。CSH 技术弥补了 SBH 技术存在的弊端，CSH 技术的应用增加了微阵列中寡核苷酸的有效长度，加强了序列准确性，可进行较长的 DNA 测序。计算机模拟论证了 8 聚寡核苷酸微阵列与 5 聚寡核苷酸邻堆杂交，相当于 13 聚寡核苷酸微阵列的作用，可测定数千个核苷酸长的 DNA 序列。Dubiley 等将合成的 10 聚寡核苷酸固定排列在载玻片表面制成寡核苷酸微阵列，先用分离微阵列进行单链 DNA 分离，再用测序微阵列分析序列，后者联合采用了 10 聚寡核苷酸微阵列的酶促磷酸化、DNA 杂交及与邻堆的 5 聚寡核苷酸连接等技术。该方法可用于含重复序列及较长序列的 DNA 序列测定及不同基因组同源区域的序列比较。

7.1.3.4　突变体和多态性的检测

基因芯片技术还可规模地检测和分析 DNA 的变异及多态性。Guo 等利用结合在玻璃支持物上的等位基因特异性寡核苷酸（ASOs）微阵列建立了简单快速的基因多态性分析方法。将 ASOs 共价固定于玻璃载片上，采用 PCR 扩增基因组 DNA，其一条引物用荧光素标记，另一条引物用生物素标记，分离两条互补的 DNA 链，将荧光素标记 DNA 链与微阵列杂交，通过荧光扫描检测杂交模式，即可测定 PCR 产物存在多态性。采用该方法对人的酪氨酸酶基因第 4 个外显子内含有的 5 个单碱基突变进行分析，结果显示单碱基错配与完全匹配的杂交模式非常易于区别。这种方法可快速、定量地获得基因信息。α 地中海贫血中变异的检测也论证了该方法的有效性和可信性。Lip-shutz 等采用含 18495 个寡核苷酸探针的微阵列，对 HIV-I 基因组反转录酶基因（rt）及蛋白酶基因（pro）的高度多态性进行了筛选，发现微阵列中内部探针与靶序列的错配具有明显的不稳定性，据此可快速区别核酸靶的差异。高密度探针阵列可检测具有特征性的较长序列相关的多态性与变异，一般测定 1000 个核苷酸序列的变异与多态性需要 4000 个探针。随着遗传病与癌症相关基因发现数量的增加，变异与多态性分析将越来越重要。Hacia 等用含 96600 个 20 聚寡核苷酸高密度阵列对遗传乳腺和卵巢癌 BRCAI 基因 3.45 kb 的第 11 个外显子进行杂合变异筛选，在 15 个患者的已知变异的样品中，准确诊断出 14 个患者，20 个对照样品中未发现假阳性，结果表明 DNA 芯片技术可快速、准确地研究大量患者样品中特定基因所有可能的杂合变异。单核苷酸多态性基因分型一致是疾病基因研究的一个瓶颈，Hirschhorm 等采用单端扩增标记芯片（SBE TAGS）对 100 多个单核苷酸多态性（SNPs）进行了分型，结果获得 5000 多个基因型，且准确率达 99% 。

7.1.3.5　传染性病原体的检测

该技术的制作方法是针对传染性病原体的特异基因，将其特异基因片段或者寡核苷酸（探针）固定于芯片上，利用核酸分子之间碱基互补配对原理，使其与待检测的样品核酸分子杂交。通过检测每个探针分子杂交信号，获取样品核酸分子的数量和序列信息，从而对一份生物样品进行诊断，也可同时检测多种病原体是否存在。如上海某公司研制的肝炎双检芯片就具有同时检测乙型肝炎和丙型肝炎的作用。基因芯片技术所具有高灵敏度和高特异性、低假阳性率和假阴性率，以及操作简便，自动化程度高，结果客观性强，是传染性病原体诊断的一个发展方向。

7.1.3.6 遗传病的诊断

遗传病主要有三大类：

（1）单基因遗传病，有3360多种，如血友病、先天听障人士、苯丙酮尿症、家族性多发性结肠息肉症等，人群中受累人数约为10%；

（2）多基因遗传病，病种虽不多，但发病率高，多为常见病和多发病，如原发性高血压、糖尿病、冠心病等，人群中受累人数约为20%；

（3）染色体病，近500种，人群中受累人数约为1%。

以上各类遗传病发病率加起来约为30%，而且有逐年增加的趋势。以往在临床上人们因为无法鉴定基因的分子缺陷，对遗传病的诊断主要是通过对病史、症状和体征进行分析，并通过家系分析以及实验室检查等手段来完成的。这些方法都是对疾病的结果进行分析，再由结果追溯原因。近20年来，随着分子生物学技术的发展，人们可以直接从遗传病因即导致疾病的基因入手来进行遗传病的诊断。利用基因芯片技术，通过分析和检测患者某一特定基因，既可诊断遗传病患者，也可诊断有遗传病风险的胎儿（产前诊断），甚至是着床前的胚胎（着床前诊断）。

7.1.3.7 药物筛选

特殊设计的基因芯片还可用于药物筛选。药物筛选一般包括新化合物的筛选和药理机理的分析研究。在传统的新药研发过程中，不得不对大量的候选化合物进行一一的药理学和动物学试验，耗时费力，这是造成新药研发成本居高不下的主要原因。因此在国际上成功开发一种新药通常需要数年的时间，并且花费数亿美金的研制费用。随着人类基因组学的发展和基因组信息的解密，各种疾病相关基因和药靶基因的确定，直接在基因水平上筛选新药和进行药理分析成为可能。基因芯片技术适合于复杂的疾病相关基因和药靶基因的分析，在一个高密度芯片上可以点上几百、几千乃至上万个基因（或基因片段）作为探针。药物作用前后，这些基因表达的 mRNA 及水平都会有所改变，分别获得作用前后不同的mRNA，标记后作为靶序列与芯片上的探针杂交，然后通过分析杂交结果可以得到 mRNA 的表达情况。确认哪些基因在中药的作用后表达了，哪些表达停止了，以及哪些表达升高，哪些表达下降，使得人们在分子水平上了解药物作用的靶点、作用方式以及代谢途径。利用基因芯片技术就能实现一种药物对成千上万基因的表达进行分析，获取大量有用的信息，从而大大减少新药研发过程中的筛选实验，并且节省巨额的研发费用。正因为如此，国际上许多制药跨国公司都普遍采用基因芯片来筛选新药。基因芯片技术不但是化学药筛选中的一个重要技术平台，事实上也可以应用于中药的筛选，这对于我国的传统中药的现代化并与现代医学理论接轨具有特别重要的意义。

7.1.3.8　在基因水平上寻找药物靶标

利用基因芯片可比较正常组织（细胞）及病变组织（细胞）中大量相关基因表达的变化，从而将所发现的一组疾病相关基因作为药物筛选靶标。表达明显发生变化的基因常与发病过程及药物作用途径密切相关，很可能是药物作用的靶点或继发实践，可作为药物进一步筛选的靶点或验证已有的靶点。基因芯片可以从疾病及药物两个角度对生物体的多个参量同时进行研究，以发现和筛选靶标（及疾病相关分子），并同时获取大量其他相关信息。

7.1.3.9　在环境科学和食品卫生领域中的应用

可以用基因芯片对环境污染物，如有机化学污染物、无机污染物、微生物及毒素等进行检测、监测与评价，研究环境污染物对人体健康的影响，环境污染物的致癌机理，环境污染物对人体敏感基因的作用等。此外，基因芯片技术还可以在环境污染物的分布与转归研究，环境污染物治理效果评价，环境修复微生物的筛选与改造等领域发挥作用。将基因芯片用于水质检测，可一次性识别水中所有的微生物。水体中的污染物的检测原理如下：在污染物的影响下，敏感生物个体细胞的基因表达会发生相当程度的变化，分析基因组 DNA 中的变化序列，然后筛选出 DNA 突变和多态性变化，寻找与正常表达的差异，单独地或混合地确定有毒物质对敏感生物基因水平上的影响及影响的程度。利用生物芯片检测出敏感生物的基因改变，从而可以反推出水体中存在的污染物。在环境监测和防治上，基因芯片可被用以快速、灵敏、高效监测污染微生物或有机化合物对环境、人体、动植物的污染和危害，同时可大规模筛选集体保护基因，制备能够防止危害或治理污染源的基因工程产品。基因芯片在食品卫生方面也具有较好的应用前景，如食品营养成分的分析，食品中有毒、有害化学物质的分析，检测食品中污染的致病微生物，检测食品中生物毒素（细菌毒素、真菌毒素）等。

7.1.4　基因芯片的发展及问题

基因芯片技术亟待解决的关键问题有以下几个方面。

（1）生产工艺复杂、难度大。如微流控芯片，它需要尖端的微加工、计算机及化学等技术，现阶段一般生物专业实验室根本没有能力研发这些芯片。

（2）所需设备及耗材价格昂贵。一直以来生物芯片生产所需的设备如点样仪、扫描仪等的价格居高不下，一些普通研究机构没有能力购置这些设备。另外，维持芯片研究所需要的耗材大部分需要从国外进口，这也加大了芯片研究的费用。

（3）芯片相关的图像扫描及数据分析软件缺乏。生物芯片是一个多学科交叉技术，图像扫描及数据分析处理尤其是图像数据分析的相关软件较少。

（4）实际应用芯片时方法烦琐、重复性差。目前虽然有一些芯片产品投放市场，但是在实际应用中所需的设备复杂（设备不统一）、方法烦琐（操作易出现人为误差），实验结果的重复性不是很理想。

（5）基因表达终极产物是产生相应的蛋白质和酶，才能实现其各项生理功能，但基因与蛋白质功能并非完全平行，因此基因芯片技术还需要与其他检测蛋白质和酶的实验方法相结合才能发挥最佳的作用。

（6）核酸杂交反应的特异性与检测灵敏度不够理想。由于固定于载体上的DNA 存在相同或类似的序列，可能会发生交叉杂交，结果有假阳性和假阴性的可能。

（7）对靶 RNA 的纯度和量的要求很高，检测结果受到载体材质、操作和制作方法的影响，制作方法复杂、样品处理烦琐、标记过程耗时。

（8）对于基因和功能之间的关系还难以了解。基因芯片上的基因是已知，但很多基因的功能目前尚未研究清楚，有时尽管知道某基因的表达发生了变化，但无法知道这种变化的生理和病理学意义。

7.2　蛋白质芯片

遗传学中心法则（即 DNA→RNA→蛋白质）给人们的概念是，认识基因是认识生命的本质，认识蛋白质是认识生命的表象。在执行人类基因组计划之后，随着大量的基因被解读，科学家们越来越感到，对生命的认识远不是那么单纯。首先，已知的蛋白质比基因数目更大，这说明基因结构的复杂性；其次，蛋白质分子之间的相互作用、蛋白质分子与核酸分子之间的相互作用、蛋白质分子对基因活动的调节与控制等形成极其复杂的生命活动网络。过去的科学研究趋向于还原论，即将特定的疾病或生理行为与某个或某些分子相联系，现在不得不考虑分子群之间横向和纵向联系。由此，澳大利亚 Mac-quarie 大学的 Wilkins 和 Williams 首先提出蛋白质组学（proteomics）的概念，定义为在某一时间段中，某一细胞或组织中的全部蛋白质。含义为：建立细胞组织中的蛋白质定量表达谱，或扫描DNA 表达序列标签（Expressed Sequence Tag，EST）图（称为表达蛋白质组学）；确定蛋白质在亚细胞结构中的位置（即细胞蛋白质定位图谱）；确定蛋白质和蛋白质之间的相互作用。

蛋白质组学研究首先需要建立对样品中全蛋白质分析的手段。最常用的方法为二维凝胶电泳（two-dimentional gel electrophoresis，2-DE），通过双向电泳，使各种蛋白质按照分子量大小和分子表面电荷密度而分离，从而可以进行丰度分析，可以认为是原始的蛋白质芯片（protein chip）。结合质谱仪还可以进行一级结构测定，目前这些工作刚刚实现规模化操作。21 世纪初以来，基于固相载体的蛋白质芯片也获得迅速发展和应用。

类似于 DNA 芯片，如果将序列不同的多肽或蛋白质分子按照预定的位置固定于芯片的片基上，则构成多肽或蛋白质微点阵芯片，可以研究蛋白质或多肽与其特异结合分子的相互作用，用于分子识别、抗原表位分析、蛋白质定量检查和药物筛选等。

7.2.1　蛋白质芯片实验方法

7.2.1.1　蛋白质芯片制备

蛋白质芯片在芯片表面的固定方法如同各种蛋白质基的生物传感器的制作方法（见第 3 章）。借助自动点样仪在芯片上制作蛋白质阵列。2-DE 方法被认为是最原始的蛋白质芯片，详细步骤可参见有关生物化学和分子生物学实验手册。

7.2.1.2　MALDI 方法鉴定蛋白质

MALDI 的全称为基质辅助的激光脱附和离子化（Matrix-Assisted Laser Desorption and I-onization Time-of-Flight Mass Spectrometry，MALDI-TOF-MS），与 2-DG 结合对蛋白质进行鉴定，已经成为蛋白质组学研究的标准方法。在蛋白质载体中，含有一种拟晶体结构的弱有机酸分子，相当于“基质”。该基质的作用是离子化、促进脱附作用，防止被分析物分解。因此，基质必须能够在被分析物表现为弱吸附的波长处强力吸收激光束的能量。在离子化和脱附之后，带电分子在电场中被加速，并获得一定的动能，飞向探测器。在脉冲照射的同时启动一个定时器，以测量离子飞向探测器的时间。如果用已知质量的化合物作为标定，就能推算该位点上蛋白质样品的质量。该方法又称为飞行时间质谱仪（Time-of-Flight MS，TOF-MS），通过飞行时间来测量样品分子的质量-带电比率，如图 7-4 所示。图 7-5 为一个分析实例。

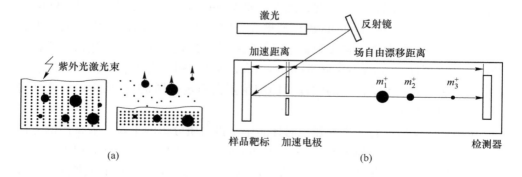

图 7-4　基质辅助的激光脱附和离子化原理

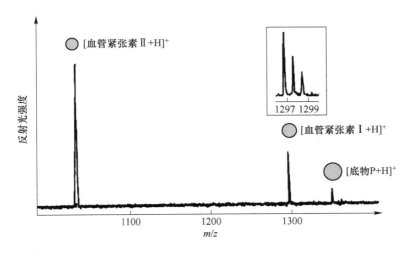

图 7-5　用 MALDI-TOF 法一个分析实例

图 7-4 中，阵列点为固定（吸附）的蛋白质分子，不同大小的圆形图为不同质量的被分析分子；图 7-4（a）当阵列上蛋白质分子被激光照射时，在芯片基质分子辅助下，芯片上的蛋白质发生脱附进入气相，并被离子化；图 7-4（b）MALDI-TOF 过程示意；激光照射产生的离子化蛋白质在离开芯片基质后被电极加速，在飞行通过一定的场自由距离后，样品离子（$m_{1\sim 3}^{+}$）按分子量大小先后抵达检测器，分子质量小的先抵达。

样品为混合肽，含有血管紧张素 Ⅱ（分子质量为 1046.54 D），血管紧张素 Ⅰ（分子质量为 1296.69 D）和底物 P（分子质量为 1347.74 D），基质为 Biflex Ⅲ（Bruker-Daltonik，Bremen，Germany）检测器。

MALDI 方法对样品量的要求最小为质谱范围，分析精度范围为 0.01%，即对分子质量高至 2 kDa 的多肽的分析，分辨率相当于同位素方法。分析分子质量为 300 kDa 的蛋白质只需要几秒钟。已经成功地用于血浆、尿液、神经组织等复杂流质的蛋白质组鉴定。然而，在早期，这种方法只用于测定完整蛋白质的分子质量，而不能对蛋白质定性。

7.2.1.3　蛋白质/多肽质量指纹图谱

早在 1977 年，Cleveland 等就提出利用多肽指纹数据库来鉴别样品蛋白质的方法。该方法发展成为现在的蛋白质/多肽质量指纹图谱，可以根据未知样品的飞行时间获得质量数据，与指纹图谱比对，对被分析蛋白质进行鉴定。很显然，指纹图谱数据库越大，鉴定越准确。

为了建立指纹图谱，需要用合适的蛋白质酶将蛋白质消化成小肽，分别测定它们的飞行时间，获得蛋白质量指纹或者肽质量指纹。被分析蛋白质的质量在数据库中不存在时，可以用氨基酸序列分析法。如外肽酶（exopeptidase）是一种末端水解酶，能够从肽羟基末端或氨基末端顺序水解肽链的氨基酸，如果条件控制恰当，对一个多肽样品，能水解产生一组彼此相差一个氨基酸的肽库。一般地讲，氨基酸质量差别为 1~129 Da，很容易被 MALDI 鉴别。

MALDI 与蛋白质芯片（主要是 2-DG）和蛋白质/多肽质量指纹图谱联用，成为蛋白质组学研究的经典方法。

7.2.2　蛋白质芯片类型

根据蛋白质不同类型，可以认为蛋白质芯片有普通蛋白质芯片（简称蛋白质芯片）、免疫芯片（immuno chip）、肽芯片（peptide chip）和（酶）底物芯片（substratechip）四种类型，它们通称为蛋白质芯片。

7.2.2.1　蛋白质芯片

蛋白质芯片主要用于蛋白质组学研究。广义的蛋白质芯片也包括 2-DE，其中双向聚丙烯凝胶电泳（2-D PAGE）是目前实验室最常用的技术。2-D PAGE 是由两种类型的 PAGE 组合而成。蛋白质样品经过第一向电泳分离后，再以垂直于它的方向进行第二向电泳。如果这二向电泳的条件体系相同，则电泳后样品中的不同成分的斑点基本上呈对角线分布，对提高分辨率作用不大。因此，常用的 2-D PAGE 为等电聚焦/SDS-PAGE（IEF/SDS-PAGE）的技术。第一向为等电聚焦电泳，根据不同蛋白质分子的等电点不同实现分离。第二向为 SDS（十二烷基磺酸钠，蛋白质变性剂）电泳，根据分子筛效应和电荷效应使不同分子量和携带不同表面电荷的蛋白质进一步分离。目前，采用 IEF/SDS PAGE 技术已分离分析了数千种蛋白质成分。

获得 2-D 蛋白质凝胶后，可以采用蛋白质凝胶图像分析专业软件对凝胶进行分析。与 DNA 芯片分析软件类似，一般的蛋白质凝胶专业软件也具有以下三个基本功能：

（1）自动识别、定量和比较 2-D 凝胶图像；

（2）自动计算 2-D 凝胶上蛋白质点的分子量和 pI 值；

（3）能自动生成蛋白质表达量变化曲线或柱形图。

2-DE 方法也有一些缺陷，如需要大量样品，消耗时间和人力，重复性也不太好。低丰度蛋白质常常被高丰度蛋白质掩蔽而难以发现，因此需要发展新的技术。借助 DNA 芯片可寻址和高通量测定的概念，结合 2-DE 技术，发展蛋白质芯片阵列，可以部分地解决上述问题。

蛋白质芯片阵列在蛋白质组学的研究中可以发挥重要作用，包括表达蛋白质组学、细胞图谱（cell-map）和功能蛋白质组学。阵列的制备或多或少地借鉴了 DNA 芯片的技术，但在蛋白质固定方面需要更多的表面化学的知识，还需要环境有利于固定蛋白质的稳定性。蛋白质固定的研究尚需解决 3 个方面的主要问题。

（1）如何使芯片阵列上的结合子（binder）能够有效地捕获靶标蛋白质，要考虑扩散限制结合。如果一个靶标蛋白质的浓度很低，则需要很长时间才能抵达芯片上正确的结合子部位。一个解决的办法是采用微流通道和泵，使蛋白质以高度浓缩的形式施加到芯片上，并通过多次循环反复流经阵列中的结合部位。

（2）非特异性吸附问题。与 mRNA 相比，蛋白质表达的动态范围大，细胞中为 10^7，体液中为 10^{12}，而 mRNA 大约为 10 + ，如何寻找到特异性的结合子，这是一个难题，蛋白质的各种修饰形式和异构体使得这个问题更加突出。

（3）对捕获的蛋白质分子进行鉴别。可以采取各种标记技术，但实际上目前还没有理想的通用方法。

最困难的问题是如何获得所有蛋白质的特异性抗体。对一个靶蛋白质而言，理想地，除了具有其抗体以外，还需要针对靶蛋白质异构体的抗体，用于校正非特异性吸附。由于细胞内大多数蛋白质是以与其他蛋白质结合的复合体形式存在，而结合反应必须在非变性条件下进行，因此，即使抗体具有绝对特异性，也可能造成假阳性，从而导致不能准确检测在阵列中某位点上到底结合了多少蛋白质。相反地，如果一个蛋白质以复合体或翻译后修饰的形式存在，而这种存在形式能够破坏抗原决定簇（antigen determine epitope）部位，将导致假阴性测定。为了克服这个问题，所有的芯片应能直接探测和鉴别所捕获的蛋白质如图 7-6 所示。

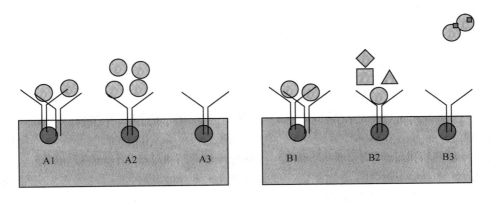

图 7-6 蛋白质芯片捕获样品的难题图解

图 7-6 中 A 为期望的结果，B 为变化解释。每一种用不同的荧光素标记。B1 经质谱仪确认，实验结果正确；B2 似乎解释为蛋白质表达增加了 3 倍，而实际情况是，蛋白质整合到复杂系统中去了。B3 理解为蛋白质表达减少，而实际情况可能是，蛋白质表达正常，但经过修饰后，蛋白质的抗原表位不再适合于捕获

分子。

2004 年 6 月 8 日，美国加州 Invitrogen 公司推出了第一个商品酵母蛋白质芯片微阵列 YeastProtoArray™。该阵列可以用于微量的、数千种蛋白质的高通量同步和快速筛选。该公司的 CEO 说："在此之前，人们还不能用这种方式研究一大组蛋白质。这些蛋白质微阵列具有的潜力使之能形成生产线，对药物靶标进行鉴别、筛选和确定，对药物和生物技术发展具有革命性意义。"由于酵母菌是研究基本生命过程的真核模式生物，其 50% 的蛋白质可以在人类蛋白质中找到同类，其中 30% 完全一样。该公司预计到 2006 年可以制成人类蛋白质组微阵列芯片。

7.2.2.2　多肽芯片

这类芯片实际上是多肽构成的阵列。一个典型的例子是用来分析蛋白质激酶（proteinkinase）的多肽芯片。蛋白质激酶是细胞中广泛存在的一类酶，以多肽为底物，使其磷酸化。已经知道，蛋白质激酶在细胞信号传导、细胞分裂中等复杂生物学过程中起重要作用，而且与肿瘤发生密切相关。多年来，科学家试图搞清人体内究竟有多少蛋白质激酶，但一直难以获得完整数据。美国 Yale 大学的 Zhu 等报道了一种多肽阵列，用于测定酵母蛋白质激酶。该芯片片基为人造橡胶微孔片，其上固定了 17 种不同的多肽，作为底物，对已知的 122 种酵母（saccharomyces cerevisiae）激酶中的 119 种进行了过量表达和分析，发现了许多新现象。如大量的蛋白质激酶都能够使酪氨酸磷酸化。这项研究虽然只有 17 种肽底物，但它提供了一种更高通量多肽芯片的基本平台，可为人类细胞蛋白质激酶的研究奠定基础。

另一个例子是日本 Kyushu 技术学院的 Kato 和 Nishino 报道的蛋白质酶底物多肽阵列，通过分析各种蛋白质酶存在和活性，评价人的健康状况。

由于多肽常常是酶的底物，多肽阵列也可以称为酶-底物芯片（enzyme substratechip）。

7.2.2.3　抗体芯片

免疫芯片（immune chip）一般以抗体为固定相，检测抗原物质，可以认为是免疫传感器与 ELISA 分析方法的结合。免疫芯片含有数种至数百种单克隆抗体，通过这个实验平台，可以检测多种病原微生物、细胞、全组织或生物流质中的抗原蛋白质。抗体芯片的制备一般包括两个步骤：首先，在玻片上进行化学修饰，使其能够共价结合抗体；其次，通过各种点样技术（如自动点样器）。将抗体"印刷"到芯片表面，形成阵列。抗体芯片的检测通常采用荧光技术。可以用荧光扫描仪读取结果。

由于单克隆抗体具有极高的特异性结合能力，并且各种单抗具有不同的结合亲和性，因此具有不同的检测下限。但对芯片而言，可以用平均检测下限的概念。如美国 Clontech 公司的抗体芯片的检测下限为 20 pg/mL。用荧光检测法时的基本步骤如下：

（1）抽提样品蛋白质；

（2）用荧光染料（如 Cy5 和 Cy3）标记蛋白质；

（3）去除未结合的荧光染料（凝胶层析法）；

（4）将标记的蛋白质与抗体芯片共保温；

（5）扫描芯片，测定结合的抗原。

目前，多家公司都在开发抗体芯片，操作程序已经标准化。

7.2.2.4 细胞芯片

细胞芯片（cell chip）是一个新的概念，由美国 Cellomics 公司最早开发成功。它的阵列固定相是一个个完整细胞或不同的细胞系（cell line），通过外源物质对细胞作用所产生的响应（如荧光），可以探测被分析物对细胞的作用。在很大程度上，这种响应是依赖细胞膜蛋白质与靶标的相互作用来体现的，所以也可归于蛋白质芯片。细胞芯片的制备比较特殊，它不用自动点样仪，而是在特别制作的细胞培养室阵列中培养细胞。每个阵列上所有的培养腔可以是同一种细胞，也可以是不同的细胞系，依据实验的需要而设计。

细胞芯片的主要用途包括以下 6 个方面。

（1）免疫毒性研究。

（2）药物筛选。通过细胞生理学环境对细胞的影响，使被考查的药物与细胞内环境直接发生联系。

（3）组织工程。筛选和开发相关的生物材料，使细胞分化和功能保持在所期望的状态，用于生物治疗和生物康复。

（4）诊断。以细胞对外来物质的响应行为图谱作为疾病状态的指示，如活组织肿瘤细胞的细胞基质黏度谱。

（5）观察细胞对各种物质的响应。

（6）细胞膜离子通道研究和神经元电信号研究。

细胞芯片的研究现仍然处在发展的早期阶段，许多研究者正在致力于有关工作的拓展，预期将会产生具有影响意义的研究成果。

8 生物传感器与活体分析

人体或动物体生理性疾病和各种生理活动往往具有标识性生物化学物质。迄今为止，这些标识性物质的测定主要在活体体外进行。在一般情况下，活体测定能够满足对疾病的诊断和对一些生理状态的基本判断。但对一些突发性、重症疾病的监护治疗，最好能够进行生物传感器的实时监测。

8.1　体内测定需要解决的问题

生物传感器用于体内测定需要将传感器或取样器植入体内（如血管、脑皮层、皮下组织等），面对许多复杂环境，需要解决的主要问题包括组织反应（tissue response）、生物相容性（biocompatibility）、消毒问题、氧干扰问题和其他技术问题。

8.1.1　消毒问题

对生物传感器消毒，不仅仅是为了不染菌，而且也能够保证植入体内传感器功能的稳定性。但过于激烈的消毒方法会破坏生物传感器，因此不能够用常规的高温消毒方法。已经推荐的方法包括紫外线照射或 γ 射线照射、过氧化氢处理、戊二醛处理等。

Von Woedtke 等实验了几种物理和化学消毒方法。用 2% 或 3% 的烷化戊二醛处理能使传感器的功能发生变化，25 kGy 剂量的 γ 射线对聚合物材料有刺激作用。用 0.6% 过氧化氢溶液处理传感器 4 d 并用 7 kGy 剂量的 γ 射线照射，传感器灵敏度只有少量损失。用紫外照射 300 s，接着用含过氧化氢（有效浓度为 0.15%）的表面活性剂处理 3 d，对葡萄糖传感器没有任何影响。用这些方法分别处理枯草芽孢杆菌（Bacillus subtilis）孢子。平均每个实验能使孢子数量从 10^6 减少至 10^2。实验得出的结论是，如果不得不采用非热学消毒方法，似乎不可能保证达到药典所规定的消毒水平（10^6 个孢子）。因此，如果在医学和生物学过程中采用消毒葡萄糖传感器，应该认识到，所谓消毒，不仅仅是对传感器进行处理，而且还应该测定传感器生产过程的每个步骤中微生物减少的程度。

用紫外线、γ 射线、过氧化氢或戊二醛处理葡萄糖传感器聚亚胺酯膜，发现尽管所有这些方法都属于推荐方法，但不同的处理方法对膜与细胞的相容性有明显的影响。通过照射后，没有发现膜流出物的细胞毒性。将膜反复洗涤和化学处理，也没有毒性物流出。经辐射处理和过氧化物处理，能促进细胞在聚亚胺酯膜上生长。用 2% 和 4% 的戊二醛处理并洗涤之后，如果残留有含尿素-过氧化物内含物，将限制细胞在膜上生长。该体外细胞相容性实验能够反映宿主对一个生物材料的响应，这种响应不取决于材料本身，而取决于消毒方法。

8.1.2 氧干扰问题

在生物体内条件下，对葡萄糖传感器最大的干扰莫过于氧分压的变化，因为 GOD 是氧依赖性酶。许多学者认为，氧依赖型第一代电流型生物传感器在体内对葡萄糖的响应是溶液氧分压的函数。有两种针形葡萄糖酶电极，一种是传统的电流型，另一种采用二茂铁介体酶电极技术。用藻酸钠将 GOD、二茂铁羰醛共固化在针形过氧化氢电极上，再用聚脲烷膜覆盖，用 0.4 V 极化电压可获得稳态电流。体外实验时，即使在氧分压为 0 时，电极输出也能在 0 ~ 900 mg/dL 葡萄糖浓度范围保持线性。在体内实验中（图 8-1），首先让动物吸入 100% N_2，氧分压降至 <2.67 kPa，对葡萄糖的响应未见下降，而传统的生物电极明显受到氧分压的干扰。然后让动物吸入 95% O_2 和 5% CO_2，两种酶电极均稳定地工作。说明针形介体酶电极可能是体内测定的一个良好选择。

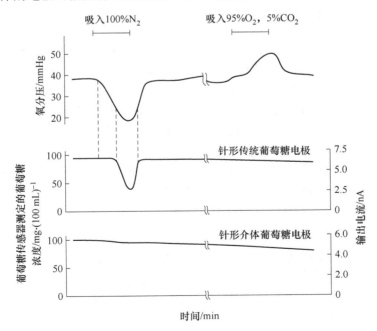

图 8-1 体内氧分压变化对传统的生物电极和介体传感器的影响

(1 mmHg = 0.133 kPa)

　　然而，即使是传统的电流型酶电极，测定葡萄糖时对氧的依赖也随葡萄糖浓度变化而改变。两种氧电极：体外工作的自动标定商品常规电极和体内使用的碳糊微电极。体外标定表明：在脑 ECF 葡萄糖浓度（约 0.5 mmol/L）和氧浓度（约 50 nmol/L）条件下，氧对传感器的干扰最小。用碳糊微电极葡萄糖传感器对苏醒鼠的大脑葡萄糖体内同步监测证明了上述结果。然而，在外周组织中，葡萄糖浓度大约为 5 mmol/L，传感器的氧依赖性严重。由此得出结论，Pt/PPD/GOx 生物传感器的氧敏感性并不排除在低葡萄糖浓度基质（如脑 ECF）中应用的可能性。

8.1.3　生物相容性

　　植入生物传感器元件的生物相容性主要通过对生物组织的毒性作用来评价。检验生物传感器敏感膜聚合材料的生物相容性。以溶胶-凝胶为基础，其中添加各种化学物质（分别为聚乙二醇甘油、聚氧乙烯肝磷脂、硫酸葡聚糖、Nafion 或聚苯乙烯磺酸）制备一系列聚合物膜，在体外人真皮纤维原细胞中进行毒性实验。所有实验的材料都不显示毒性，但细胞增殖速率受添加物影响。用这些聚合物膜制备 GO_x 杂合膜，测定缓冲液或血清中的葡萄糖，其中含有硫酸葡聚糖的膜最合适用于体内分析。

8.1.4　生物污垢与微透析

　　植入式体内测定有两种植入方式：一种是直接植入生物传感器（implanted biosensor）；另一种是植入微透析探头（mirodialysis probe），通过连续透析取样提供微量样品给生物传感器分析。由于是在体内取样，血液中或组织中的生物污垢（如血凝物质）容易黏附到微透析器的膜上，导致取样装置回收率逐渐下降。为了保证被分析物恒定的膜过滤回收率，要使用超滤膜，膜孔径为纳米至亚微米水平。

　　高度亲水性膜有利于防止生物污垢在膜上的积累。为此采用了数种不同的人工膜：低聚脲烷（s-PU）、肝素-聚乙烯醇（h-PVA）、聚乙烯氧化物（PEO）、藻酸-聚赖氨酸-藻酸（APA）和聚乙烯醇（PVA），见表 8-1，在体内和体外实验中，APA 性能最好，用 APA 装配的传感器在体内活性能保留 10 ~ 14 d。

表 8-1　葡萄糖传感器生物相容性膜在体内和体外的性能

名　称	PVA	s-PU	h-PVA	PEO	APA
体内特征					
线性输出	很好	好	一般	好	很好
体外特征					

名　称	PVA	s-PU	h-PVA	PEO	APA
膜强度	一般	好	差	很好	差
传感器输出	一般	好	好	好	好
输出线性	好	好	好	一般	好
抗蛋白吸附	差	差	差	差	好
长期活力	一般	一般	差	一般	好

　　虽然已经有许多膜装置可供选择，但许多学者仍然关注滤膜的研究，尤其是在各种环境条件下的膜滤过动力学。荷兰和英国学者提出一种所谓超慢微分析（ultraslow microanalysis）方法，可以保证膜的透过性能的稳定性。然而，要避免过长的迟滞时间，需要非常小的死体积。工作系统为一连续测定皮下组织葡萄糖的携带式轻型装置，由小型化流通生物传感器、微型透析探头和半真空泵组成。生物传感器为固定化 GOD 和过氧化氢电极组成，检测仪为便携式恒压计，连接有数据读取装置。在体外和体内实验中，线性范围可达 30 mmol/L，检测下限为 0.05 mmol/L，精密度为 2% ~ 4%。其他实验的电极活性物质对电极没有干扰。测定结果与标准的糖尿病患者自我监测方法结果吻合。传感器可以连续使用 3 d，不需要频繁标定。通过透析皮下组织样品测定葡萄糖，进行了健康自愿受试者的葡萄糖耐受实验，如果直接植入生物传感器，也有类似的问题要克服。Wand 等最近报道一种膜制备的改良方法。原方法含有聚亚胺酯外膜、醋酸纤维素和 Nafion 复合内膜。改良的方法采用双疏性聚亚胺酯（amphiphobic polyurethane）制作的传感器外层选择性渗透膜，能够使葡萄糖透过亲水部分。内膜为聚醚砜（polyethersulfone）膜，用三乙氧硅烷（trimethoxysilane）稳定化。按照原方法制备了 204 只酶电极，用改进方法制备了 185 只酶电极。数据表明，传感器改进后的线性范围上限为 20 mmol/L，0.1 mmol/L 对乙酰氨基酚（acetaminophen，一种替代阿司匹林的解热镇痛药）在体内对传感器的干扰被减小到正常葡萄糖水平响应值的 2%。在缓冲液中连续工作 11 d，传感器的灵敏度为：第 1 天，（6.12 ± 1.34）nA · L/mol；第 3 天，（6.33 ± 1.40）nA · L/mol；第 8 天，（7.13 ± 1.39）nA · L/mol；第 11 天，（7.56 ± 1.47）nA · L/mol。即第 1 天与其他时间相比，灵敏度没有明显变化，误差也比较小，活性保持稳定。将改良膜生物传感器植入鼠皮下，测定鼠腹膜内的葡萄糖浓度，响应时间滞后 3 ~ 6 min。

　　不同传感器扩散膜材料对上述因素的影响，并对动物和志愿者进行了实验。他认为，要达到长期稳定体内使用的目的，仍然需要解决一些技术问题，对传感器批量生产的质量也提出了高的要求。

8.1.5　组织反应问题

当异物（传感器或其他外源物体）植入皮下或其他组织部位后，生物体对异物可能发生各种组织反应，包括组织生长间隔作用和膜生物污垢、组织炎症发热、组织纤维化、血管退化问题等。

8.1.5.1　组织生长

围绕植入传感器生长的组织和体内产生的各种生物污垢均不利于分析物向传感器的传输。为了弄清哪种因素更重要，将中空纤维微过滤器探头-生物传感器系统植入实验鼠皮下，对葡萄糖测定。通过分析葡萄糖在膜上的透过率，来区分生物污垢和组织变化对葡萄糖传输的影响。试验了三种商品膜，材质为聚醚砜、聚丙烯腈和聚碳酸酯。测定葡萄糖的回收率（微透析葡萄糖浓度与血液葡萄糖浓度的比率）。结果表明，聚醚砜膜的透过率 2 d 以后仅剩 39%，聚丙烯腈膜和聚碳酸酯膜在第 8 天还分别保留有 42% 和 43%。在植入体内前后的葡萄糖回收率数据显示，从第 0 天至第 8 天，传质速率降低主要源于生物污垢和组织隔离。然而，平均而言，黏附到探头上的生物污垢层所造成的阻碍作用比围绕在探头周围的组织少 12% ~ 24%。因此，不仅要考虑生物污垢问题，更要设法解决组织生长对传感器膜的隔离的问题。

8.1.5.2　血管生长与退化

葡萄糖传感器在糖尿病患者体内测定常常不能正常工作。有一种假说认为，在糖尿病患者体内，容易产生由纤维化所诱导的血管退化，使血液葡萄糖难以抵达皮下部位，导致葡萄糖测定失效。如果在局部引入 Angiogenic 因子，如血管内皮生长因子（Vascular Endothelial Growth Factor，VEGF），促进血管生长，可能解决这一问题。Ward 等设计了一个实验：将圆盘生物传感器植入到大白鼠皮下，连续 28 d 静脉输入 VEGF，输入量为每天 0.45 ng，以输入生理盐水作为实验对照，观察组织学效应。在第 40 天，从输入口不同距离采取组织样品，用两种组织学技术进行分析。观察到，经 VEGF 处理，组织毛细血管密度增加显著。距离输液口 1 mm 部位的组织、毛细血管密度比用生理盐水处理的动物组织毛细血管增加 200% ~ 300%。距离输液口 13 mm 部位的组织，也观察到血管生成现象，但相距 25 mm 的组织没有见到这种效应。在输液期间，从静脉远端取得的血清样品没有发现 VEGF 浓度升高。这些数据表明，皮下 VEGF 输液会使植入的外源物体局部产生新生血管，不会导致对身体系列的影响。因此认为，围绕在植入皮下生物传感器周边组织的血管化可能使得生物传感器的使用寿命延长。

为了更加有效地评价植入皮下生物传感器周边组织的血管生长，Klueh 等提出一种简单、快速和安全的体内测定模式。以发育中的胚胎绒（毛）膜尿囊膜（chorioallantoic membrane，CAM）为受植入对象，改造过的劳氏肉瘤病毒（rous sarcoma virus，RSV）中和病毒载体（RCAS）为基因转移载体，将鼠科动物的 VEGF 基因（mVEGF：RCAS）转移到 DF-1 鸡细胞系 MEGF：DF-1。由于 mVEGF：DF-1 细胞能够在外卵绒（毛）膜尿囊膜（ex ova CAM）模式系统中诱导新生血管，首先让 MEGF：DF-1 在体外和体内产生 VEGF 和 mVEGF：RCAS。将乙酰氨基酚（一种替代阿司匹林的解热镇痛药）传感器植入已经发育 8 d 的卵 CAM，然后在 CAM 上传感器植入部位加入培养基或细胞（mVEGF：DF-1 细胞或对照细胞 GFP：DF-1）。在植入传感器后的 4~10 d，经静脉注射乙酰氨基酚，观察传感器的响应，以确定传感器的功能。结果显示，植入到 CAMS 的传感器或植入到对照细胞（GFP：DF-1）均不出现诱导的新血管形成。静脉注射乙酰氨基酚以后，传感器输出电流为：培养基，(133.33 ± 27.64) nA；GFP：DF-1，(187.50 ± 55.43) nA，响应值很低，或者基本上认为是基线。而植入到 mVEGF：DF-1 细胞中的传感器周围出现大量的新血管，同时对注射的乙酰氨基酚有很高的响应[VEGF：DF-1，(1387.50 ± 276.42) nA]。数据清楚地表明，促进血管密度（即在植入传感器周围形成新生血管）在体内极大地增进传感器的功能。这一研究获得 2003 年度美国生物材料学会的杰出博士研究论文奖。

植入生物传感器所面临的一个主要问题是在体内的寿命短。有两个主要原因：一是植入传感器所引起的炎症发热和纤维化等强烈组织反应，二是生物传感器的元件失灵。组织对生物传感器的反应、生物传感器的生物相容性和传感器的功能的评价必须采用体内模式。目前的评价方法既耗时费力，且成本高。此外，实验结果也受研究者的外科手术技术的影响。该实验室曾经报道了卵内发育鸡胚胎的绒（毛）膜尿囊膜实验方法。在此基础上又建立了体外卵绒（毛）膜尿囊膜实验，基本程序为：将鸡卵孵育 3 d，转移到陪替氏培养皿中（称为 ex ova），再于 37 ℃ 和 80% 湿度下继续培养。一周后，将对乙酰氨基酚生物传感器放置于 CAM 上面，再培养一周，使传感器与胚胎融合。注射 0.2 mL 乙酰氨基酚（浓度为 3.6 mmol/L），检查传感器的性能。传感器产生的响应电流表明血液中乙酰氨基酚的浓度水平。同时也能研究 CAM 对传感器植入后的组织反应。作为一种新的模式方法，该方法不仅能够连续地工作，而且还具有成本低、操作简单等特点，可以用作生物传感器体内测定实验的模式方法。

8.1.5.3 组织炎症反应

组织炎症反应是体内测定的另一障碍。为了避免炎症反应，需要对植入物体进行有效的消毒，但实际上现有的消毒技术往往不能完全彻底。Connecticut 大学的学者建立了一种地塞米松（抗炎药）/PLGA 微球体（dexamethasone/PLGA microsphere）系统，结合采用当时给药和缓释抗炎症药物来控制组织炎症反应。采用常规的油/水乳剂技术制备微球体。将混合微球（包括新制备的载药微球体和已经发生降解的载药微球体）和游离地塞米松混合，构成微球体系统。游离地塞米松对当时的炎症反应起抑制作用，而载药微球体通过部分降解和缓释从第2天开始起作用。以 Sprague-Dawley 鼠为实验材料，用棉线缝合诱导皮下炎症，检验这种混合微球系统在控制组织对传感器植入的反应的稳定性。共进行了两个不同的体内实验：第一个实验是弄清楚能够抑制急性炎症反应的地塞米松剂量；第二个实验是研究合适的药物释放速度，以能够抑制植入传感器后产生的慢性炎症响应。结果发现，局部给药地塞米松 0.1～0.8 mg 基本上能够抑制急性炎症反应，对慢性炎症的抑制作用至少可达一个月，证明该载药微球体系统能够有效地控制植入传感器部位的炎症反应。

8.2　体内葡萄糖测定

8.2.1　人工胰腺

糖尿病是最常见的内分泌疾病，病因是胰脏功能衰退，胰岛素分泌下降，造成高血糖症，严重者可发生酮症酸中毒或高渗性昏迷并危及生命。主要的治疗方法是补充胰岛素，当血糖超过正常值时，注射胰岛素控制血糖水平。目前在较发达地区已经有多种不同型号大型闭环式（closed loop）人工胰腺（artificial pancreas）对重症糖尿病患者进行临床监护，其基本组成包括葡萄糖测定仪、微电脑和胰岛素补注单元，如图 8-2 所示。

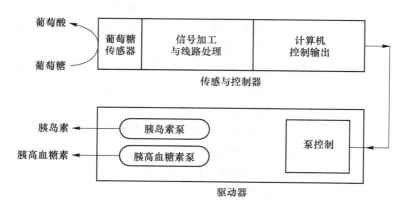

图 8-2　大型闭环式人工胰腺系统框图

人工胰腺中最关键的环节是血糖的快速准确测定，已经从化学比色法过渡到酶比色法和酶传感器法。测试速度和精度不断改善，目前主要仪器为配有连续采血系统的大型装置，只适于重症病人的短期监护，需大力发展便携式埋植型人工胰腺。对埋植型的传感器有严格的要求：

（1）能无菌地植入人体内；

（2）能在复杂的生理环境条件中不受干扰地工作；

（3）具有长期稳定性；

（4）传感探头组分不得含有对身体有害或潜在毒性的物质，此外还有必要将检测器电源与身体隔离以防仪器漏电。

微型生物传感器正是应这种需求发展起来的，主要包括微型生物电极、半导体生物传感器、生物光纤、生物燃料电池等，以针形葡萄糖酶电极的报道较多。

8.2.2　皮下葡萄糖测定

从安全和方便角度考虑，皮下测定比血管内测定更为可取。需要解决两个问题：一是采用针形生物传感器，二是确定皮下组织所测得的数据与血管中的参数具有相关性和可比性。

针形葡萄糖传感器外表如同常规注射针，或者直接将酶电极装入注射针。酶电极直径在 0.2 ~ 0.6 mm。一种针形葡萄糖传感器的结构如图 8-3 所示，经环氧乙烷蒸气消毒后植入血管或皮下，传感器与一个 12 cm × 15 cm × 6 cm 人工胰腺匹配通过遥控监控系统工作。

植入皮下的传感器比测血糖对于患者自我操作可能更为方便，但必须弄清皮下糖与血糖的关系。一些研究报告称皮下组织含糖为血糖的 20% ~ 85%，然而有的学者认为过大的差异是由其他几种原因造成的，如埋植传感器的灵敏度不够、较低的葡萄糖和氧的传质速率等。在 Shichiri 的实验中，对志愿者

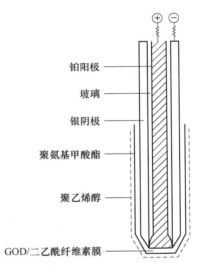

铂阳极
玻璃
银阴极
聚氨基甲酸酯
聚乙烯醇
GOD/二乙酰纤维素膜

图 8-3　针形葡萄糖传感器
（端部直径 0.4 ~ 1 mm）

的血糖和皮下组织糖进行连续监测一段时间后，以 10 mg/（kg·min）速度向体内注入葡萄糖，结果发现皮下组织糖比血糖低 15%，两者有良好的相关性，皮下糖浓度随血糖浓度变化而变化，但约有 5 min 的延滞时间，如图 8-4 所示。

加州大学的 Gough 所领导的研究组在体内葡萄糖测定方面具有比较丰富的经验。他们的传感器在电极和酶层之间有一层硅胶无孔疏水膜，能够阻挡电极活性物质和内源性生化物质的干扰，却能使氧透过。疏水性膜还能防止电流进入身体，从而防止产生电流促进的血凝和胶束化。此外，膜结构有利于氧的自由扩散，使依赖于氧的酶促反应不受氧扩散限制。固定过氧化氢酶也有利于氧的产生和使 GOD 不受过氧化氢的毒害。这种葡萄糖传感器埋植到狗体内最长工作寿命达 108 d。

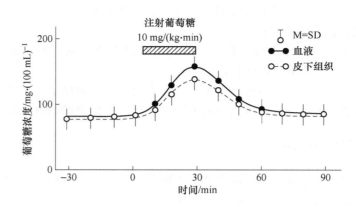

图 8-4　用针形葡萄糖传感器对皮下组织糖和血糖的连续监测

8.2.3　人工胰腺的微型化

目前的人工胰脏体积比较庞大，适合床边监护。测定系统微型化将使系统的应用更具有灵活性。爱尔兰和德国学者联合研制了一种微型流动式电流型生物传感器，其测定池体积只有几纳升。酶的固定采用间聚苯胺电聚合方法。该传感器系统能够直接连接微透析器或超滤探头，能够连续联机监测，样品量只需要不到 1 μL，并具有分析物定量的回收率，不需要过多的标定。传感器能够测定葡萄糖和乳酸。在体外和体内考查了传感器系统的线性、选择性、稳定性。

由意大利的几家公司和大学也联合研制了一种皮下葡萄糖监测系统 GlucoDay®，它是一种一次性的仪器。其中包括有微型泵、葡萄糖传感器和微透析系统，能够每 3 min 记录一次皮下葡萄糖浓度。研究者对其性能和稳定性进行了考查，实验在兔身上进行。体内测定葡萄糖的线性范围为 30 mmol/L。灵敏度 <0.1 mmol/L。葡萄糖测定的平均偏差为 2.7 mg/dL，与血糖测定的相关性 CV 为 0.9697。在室温下，酶膜的稳定性极好，可以使用 6 个月。

由于体内检测的实验对象常常是自由移动的（如人和动物），Saveije 等设计了一种专用装置，能够在移动的对象上进行连续 24 h 采集和储存数据。该装置的组成包括一个中空纤维超滤探头、一个长毛细管和一个一次性使用的医用注射器，注射器依靠真空抽取流质。以低超滤速度（≤100 nL/min）将流质样品收集到毛细管中，时间间隔 <5 min，连续收集 24 h。装置固定在自由运动的鸡翅下面，安插入皮下或静脉血管中。整个装置可以一次性使用。

这些微型装置可以与葡萄糖补充系统相结合，构成微型人工胰脏。也可以设计成无线遥控形式，以对移动病人进行远距离监测。

荷兰 Groningen 大学学者设计了一种微型流通一次性的装置（图 8-5），用于血液葡萄糖测定由无脉冲、一次性注射器提供超滤压力，滤过速度为 2000 nL/min。通过一只直径为 25 μm 的硅管和阀，每 30 s 取一次样。传感器的敏感层中含有铑，用于催化过氧化物的电还原，在 −150 mV 下对过氧化氢进行电还原。该电位很低，能避免抗坏血栓干扰。这种小型装置的最大优点是既利用了超滤技术，又避免了超滤过大的死体积，因此很适合体内样品的微量测定。

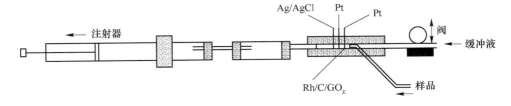

图 8-5　注射器型一次性体内测定葡萄糖传感器装置

8.3　脑内生物化学物质检测

哺乳动物行为体现了中枢神经（CNS）的活性，尤其是大脑的活性。大脑与多种生理功能相适应，包括生物体传感器（如各种感官）信号输入与处理、反应输出与行为、情感（如抑郁、焦急、愉快等）、学习与记忆，甚至高等动物的语言和思维。脑功能和脑损伤研究与认知科学、神经科学和相关疾病治疗息息相关，特别是近 20 年来发展成为重要的科学前沿领域之一，美国国会甚至将 20 世纪 90 年代命名为"脑的十年"，大大加强了有关脑与认知科学研究的力度。

大量研究证明，大脑及神经活动具有生物化学分子基础，利用生物和化学传感器监测活脑细胞外流质（Extra Cellular Fluid，ECF）中的生物化学分子，可以精细地研究神经信号传递、药物反应和某些行为。如在大脑局部血液流动与神经活性及其精力充沛程度之间高度关联，因而能够通过检测葡萄糖和乳酸来监测神经周围流质的能量代谢物水平，已经成为研究脑功能的一种特别有效的方法。有关大脑细胞外流质中的最常见的生物化学物质及其参数见表 8-2。鉴于脑是动物和人体的要害部位，迄今为止有关研究均以动物为实验模型。

表 8-2　通过电化学方法测定的大脑细胞外流质中的最常见的物质

化　合　物	带电荷[①]	$E_{1/2}$[②]	ECF 浓度[③]
抗坏血酸（AA）	−	−100~400	100~500 μmol/L
多巴胺（DA）	+	100~250	1~50 nmol/L
3,4-二羟苯乙酸（DOPAC）	−	100~250	1~20 nmol/L
5-羟色胺（5-HT）	+	300~400	1~10 nmol/L

化 合 物	带电荷[①]	$E_{1/2}$[②]	ECF 浓度[③]
5-羟吲哚乙酸（5-HIAA）	−	300 ~ 400	1 ~ 10 nmol/L
尿酸（UA）	−	300 ~ 400	1 ~ 50 μmol/L
3-甲氧酪胺（3MT）	+	500 ~ 600	< 1 μmol/L
3-甲氧基-4-羟基苯乙酸（HVA）	−	500 ~ 600	1 ~ 10 μmol/L
一氧化氮	0	− 900，+ 1000	10 ~ 100 nmol/L
O_2	0	− 400 ~ − 600	40 ~ 80 μmol/L
葡萄糖	0	酶催化	0.5 ~ 2 mmol/L
乳酸		酶催化	0.5 ~ 2 mmol/L
谷氨酸	−	酶催化	1 ~ 10 μmol/L

① 在生理 pH 值条件（7.4）；

② 粗略数据，取决于电极材料及其活化状态；

③ 粗略数据，取决于动物种类、大脑区域和麻醉程度。数据主要来源于鼠大脑纹状体。

　　L-谷氨酸是一种重要的神经传递物质，Yao 等设计了一种微透析微流酶系统用于鼠脑细胞释放的痕量 L-谷氨酸测定。为了增加测定的灵敏度，共固定谷氨酸氧化酶和谷氨酸脱氢酶构成酶反应器，利用底物循环原理，使测定信号放大。检测电极为铂电极，其表面沉积有聚 1,2-二氨基苯膜，对过氧化氢有选择性响应，用于检测酶反应器上游的过氧化氢。其他电极活性物质（如抗坏血栓）、透过液中吸附的低分子量蛋白和为使底物循环而加入的 NADPH 均不干扰电极响应。用于鼠脑细胞外间隙谷氨酸检测，比常规的非放大型谷氨酸传感器的灵敏度高 600 倍。检测下限为 0.08 nmol/L。还监测了在连续 KCl 刺激下谷氨酸浓度的变化。

　　爱尔兰国立大学和牛津大学合作研究大脑生理生化综合参数。将 Pt/Ir 电极植入鼠大脑纹状体，测定局部区域大脑血流（regional cerebral blood flow，rCBF），用碳糊电极监测组织氧，葡萄糖传感器检测细胞外葡萄糖。向实验鼠腹膜引流（intraperitoneal，引流）水合氯醛（350 mg/kg）、戊巴比妥钠（60 mg/kg）和克他命（ketamine）高效麻醉剂（200 mg/kg），以普通生理盐水引流注射作为对照，记录各项生理生化参数变化。结果表明，rCBF 和组织氧平行增加，细胞外葡萄糖减少。组织氧的增加反映了 rCBF 的增加，当注射戊巴比妥钠时这两个参数都下降。注射克他命后，参数继续下降（图 8-6）；而注射水合氯醛时，则参数转而上升。所有麻醉剂都使葡萄糖降低。葡萄糖浓度与 rCBF 和氧指标的表现有明显差异。在麻醉阶段细胞外葡萄糖的降低，不是因为血管系统直接输送的葡萄糖减少，而可能是氧的减少而导致酶电极不能正常发挥作用。因此在急性麻醉实验中所获得的数据需要仔细推敲。

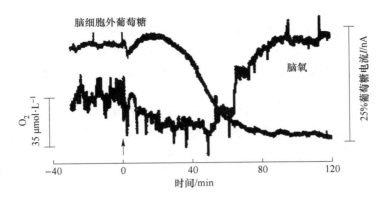

图 8-6　服用克他命（箭头所指为 200 mg/kg）
对鼠大脑氧和葡萄糖浓度的影响
（葡萄糖电极为 Pt/PPD/GO$_x$，氧电极为 CPE 25% 葡萄糖电流/nA）

　　另一组实验为神经活化。采用所谓夹尾刺激法（tail pinch，即用纸夹夹住实
验鼠的尾巴），对实验鼠注射 aCSF，施加刺激 5 min，细胞外葡萄糖浓度开始下
降，在稳定几分钟之后持续上升，如图 8-7（a）所示。在往注射液中添加普萘洛
尔（β-adrenoceptor antagonist propranolol）以后，重复施加刺激，葡萄糖下降以后
又恢复到原水平并保持稳定，如图 8-7（b）所示。经过标定计算，对葡萄糖基本
浓度没有影响。在神经活化阶段的初期，有 aCSF 存在，葡萄糖浓度减少
（−10.5 ±2.4）μmol/L（$n = 8$），或基础浓度水平的 3.4% ±7%。在普萘洛尔存
在时，葡萄糖浓度减少（−16.6 ±2.1）μmol/L（$n = 8$），或基础浓度水平的 5.3%
±7%。aCSF 存在使葡萄糖浓度滞后增长达（+44.6 ±4.4）μmol/L（$n = 9$），或
基础浓度水平的 13.7% ±1.4%（$P = 0.08$）。而在普萘洛尔存在时，葡萄糖浓度
降低（1.2 ±6.4）μmol/L（$n = 9$），或基础浓度水平的 4.5% ±0.6%（$P = 0.0015$）。

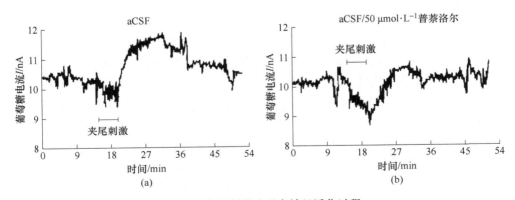

图 8-7　夹尾刺激法观察神经活化过程

刺激时间为 5 min，在一只运动的鼠的大脑纹状体上记录到脑细胞外葡萄糖水平的变化。传感器为 Pt/PPD/GO$_x$，连接到一个微透析探头。

图 8-7（a）对实验鼠输入 aCSF。葡萄糖平均基础浓度为（329 ± 15）μmol/L；图 8-7（b）在 aCSF 输液中添加 50 μmol/L 普萘洛尔。葡萄糖平均基础浓度为（350 ± 27）μmol/L。

一氧化氮（nitric oxide，NO）具有重要的生理功能，但也与某些神经病理学有关，如 Cerebral ischaemia 造成的脑损伤。Griffiths 等用胖环化酶构建测定 NO 的生物传感器，以鼠脑纹状组织切片为实验材料，研究刺激 ischaemia 以后促进 NO 释放机制。当组织切片暴露在无氧无葡萄糖的培养基中 10 min 后，cGMP 浓度下降了 70%。恢复实验使 cGMP 浓度比基础水平增加 2 倍，并保持 40 min 后开始下降。这一变化模式与体内测定脑 ischaemia cGMP 或 NO 氧化产物相吻合。NO 合成酶或 NMDA 受体可以阻断恢复期中 cGMP 浓度升高，说明谷氨酸释放能够活化 NMD 受体-NO 合成酶途径。通过标定 cGMP/NO 刺激产生鸟苷酸环化酶，知道 NO 浓度基础水平为 0.6 nmol/L。从刺激的 ischaemia 恢复过程中产生的 NO 峰值浓度大约为 0.8 nmol/L。这些值与体内微透析所测得的低微摩尔浓度 NO 氧化产物（主要是硝酸盐）具有可比性，据此可以计算 NO 钝化速率（指形成硝酸盐）。1 nmol/L 水平 NO 似乎对细胞没有毒害。但如果 NO 钝化机制丧失（常常会发生），仅仅以 nmol/L 的 NO 产生速率就足以形成 NO 毒性浓度。

8.4　活体组织原位分析

无论是在活脑内测定还是在皮下组织或血管内测定，都有极严格的实验要求，实际实验中有诸多不便。而生物组织实验是体内实验的一种取代模式，可以在体外特殊的培养系统中对活体组织切片进行生理生化研究。活体组织原位分析还可以获得组织或细胞代谢及对环境因子响应的许多信息。

灌注细胞培养（perfusion cell culture）是一种新的细胞培养技术。类似于恒化（chemostat）微生物培养。在培养过程中，连续加入新鲜营养培养基并抽出同等体积已经使用过的培养基，营养物质被保留下来，使细胞培养条件尽可能接近于体内情况。将灌注细胞培养与生物传感器相结合，能够连续监测细胞培养过程中特定生物化学物质浓度的变化。这种技术可能用于生命系统的体外和体内代谢物的监测。

通过控制实验条件，对连续灌注有机海马趾（perfused organotypic hippocampal）切片中的葡萄糖和乳酸定量代谢进行分析。并让切片暴露在谷氨酸和干扰好氧和厌氧代谢的药物中，分析过程中的葡萄糖和乳酸代谢情况。工作系统为葡萄糖/乳酸传感器-FIA 系统，在低灌注速率、半开放（培养基/空气界面）组织腔条件下可以进行在线测定。在基础代谢条件下，海马趾切片培养物中 50% 的葡萄糖转化成乳酸。用乳酸（5 mmol/L）取代培养基中的葡萄糖（5 mmol/L），观察到乳酸的明显消耗，但这种消耗低于含葡萄糖培养基中乳酸消耗的绝对量。在这种情况下，乳酸来源于储存的糖原。药物能够中和或促进能量代谢，实验了 2-脱氧葡萄糖、3-硝基丙酸、α-氰-羟基肉桂酸、L-谷氨酸、d-天冬氨酰苯丙氨酸甲酯、乌本苷等生物化学物质，数据显示，维持 Na^+/K^+ 梯度平衡需要消耗大量能量，但不支持 L-谷氨酸刺激海马趾切片培养中糖基化的假说。

8.5　无创分析

无创分析（non-invasive analysis）是指不需要破坏组织进行生物流质中的生化物质分析，为最理想的分析。

8.5.1　近红外光谱分析

近红外光谱（near infrared spectroscopy）是研究得最多的无创分析技术。近红外光谱范围在 600 ~ 1300 nm，能够穿透生物组织，因而称为生物组织的"窗口"。照射手指或口腔黏膜等组织来读取透过光吸收或反射光。在几个波长范围葡萄糖的吸收峰很小，但能够辨别。采用复合多元技术构建标定模型，所测得的葡萄糖浓度与预期值有好的相关性。影响测定结果的因素包括组织水分含量、血液流动速度、温度、光散射、其他代谢物质与葡萄糖的交叉吸收光谱范围、水分在近红外区的强烈吸收作用、仪器校准程度等，所以该方法目前还处在实验室阶段。

8.5.2　经皮分析和 GlucoWatch 葡萄糖测定仪

经皮分析（transdermal analysis）也是一种无创分析，一般采用离子电渗（iontophoresis）方法：用一个小电流促进带电的和极性的营养化合物穿过皮肤，因此又称为经皮离子电渗（transdermal iontophoresis）。有两种原理：电迁移（electromigration）和电渗（electroosmosis）。通过操纵传送总电荷和/或电极参数，可以控制电迁移和电渗透。这种方法一直用来研究经皮药物传递，称为反离子电渗（reverse iontophoresis）。

美国 Cygnus 公司在 20 世纪 90 年代中期就开始了葡萄糖经皮分析。起初采用负压法采取皮下组织液，用酶电极测定，与血糖浓度在 50 ~ 250 mg/dl 范围有良好相关性。

后来采用离子电渗法，也获得良好效果，但对皮肤的影响更小，也比较容易实现。

在此基础上，结合采用电流型酶传感器，美国 Cygnus 公司开发了一种手表式的酶电极血糖传感器，称为 GlucoWatch。临床和家庭应用评价表明：该方法与手指采血测定结果相关。在家庭条件下，两种方法测定结果平均差别为 0.26 mmol/L，相关系数 $r = 0.80$；>94% 的 Gluco-Watch 测定仪测定误差属于临床上允许范围；变异系数 CV 大约为 10%；能够报警低血糖，检出 75% 糖原分解不足；>87% 的试用者皮肤无红肿，即便有，经数天以后便能自愈，无须任何处理。

目前，该产品是一种腕表，它能自动、无创地测定体液葡萄糖，测定时间间隔设置为 10 min ~ 13 h，能够鉴别低血糖并警告高血糖；新型号的葡萄糖测定仪为 Gluco Watch ® G2TM。Cygnus 公司声明，它不能取代常规的血糖测定仪，而是一种补充，主要是用来监测 12 h 内葡萄糖浓度变化趋势。

8.6 活体细胞内分析

活细胞内分析对于理解细胞生命活动具有重要意义，但在方法和技术上极具挑战。由于细胞太小，而且细胞内有各种各样的干扰物质，要求生物传感器不仅具有纳米尺度，还必须有足够的灵敏度和抗干扰性能。微电极对细胞表面或细胞膜的无机离子测定方法已经比较成熟，在此基础上进一步发展或许能实现直接细胞内测定。

Lu 和 Rosenzweig 报道了微型光纤传感器，直径为亚微米，对传感器的功能进行了表征，并初步用于细胞内分析物测定。目前，这类研究仍然十分罕见，主要受限制于生物传感器的微型化程度。

但与此同时，通过基因融合，在细胞内表达出荧光蛋白质（GFP）标记的蛋白质，通过荧光蛋白质在细胞内的活动，可以观察到被标记蛋白质的表达。Wolter 等甚至用这种方法观察到一种促进细胞凋亡的蛋白质如何在细胞内向线立体中移动。这对生物传感器的细胞内测定是一种很好的启发。

参 考 文 献

［1］陈俊阳．基于量子点和金属纳米簇的荧光纳米生物传感器的构建及应用研究［D］．长春：吉林大学，2022．

［2］陈彦儒，公维丽，马耀宏，等．基于酶电极的乳酸检测生物传感器［J］．生物化学与生物物理进展，2023（3）：529-546．

［3］段世梅．酶电极生物传感器血糖检测仪注册技术审评探讨［J］．中国医疗器械杂志，2022（6）：664-667．

［4］方晨鑫．基于脱氧核酶和等温扩增策略的DNA生物传感器用于检测microRNA［D］．海口：海南大学，2022．

［5］黄超．基于功能核酸的新型传感策略的设计及生物传感应用［D］．济南：山东大学，2022．

［6］黄磊．基于上转换发光的生物传感器关键技术研究［D］．成都：电子科技大学，2022．

［7］李梦妍，麦绰颖，邹李．基于核酸放大技术的光学生物传感器在疾病诊断中的研究进展［J］．分析试验室，2022（7）：842-850．

［8］李文杰．基于生物分子光热效应的光纤传感器的研究［D］．天津：天津理工大学，2022．

［9］廖佳敏，等．生物传感器发展研究综述［J］．中国高新科技，2022（12）：118-120．

［10］鲁梦娇．基于有机光电化学晶体管的生物传感器研究［D］．贵阳：贵州民族大学，2022．

［11］彭登勇．基于电化学生物传感器的结核分枝杆菌特异性抗原的检测新方法研究［D］．重庆：重庆医科大学，2022．

［12］司士辉．生物传感器［M］．北京：化学工业出版社，2003．

［13］孙立朋，黄赟赟，关柏鸥．微光纤干涉型生物传感器［J］．激光与光电子学进展，2021（13）：60-69．

［14］孙莹莹．生物传感器技术及其应用［M］．长春：吉林科学技术出版社，2021．

［15］涂宇鹏．基于新型光电材料和信号放大技术的光电化学核酸生物传感器的研究［D］．重庆：西南大学，2022．

［16］万逸，孙云，刘春胜，等．生物传感器技术检测和诊断病原微生物［M］．北京：科学出版社，2020．

［17］王成，高倩，张凌恺，等．基于专利分析的生物传感器发展态势研究［J］．中国生物工程杂志，2022（9）：124-132．

［18］王浩，马金标，毕明帆，等．基于FET生物传感器的病原微生物检测系统设计［J］．传感器与微系统，2023（4）：83-86．

［19］王曦维．基于DNA的质谱生物传感器的构建及其应用［D］．上海：华东师范大学，2022．

［20］夏吉利．基于MOF衍生物构建电化学生物传感器用于检测凝血酶和miRNA［D］．扬州：扬州大学，2022．

［21］夏善红，周宜开．生物化学微传感器系统及应用［M］．北京：科学出版社，2018．

［22］谢晓石，蔡亚慧，张笛，等．基于纳米技术的生物传感器在食源性病原体检测中的应用

　　　　［J］. 中国禽业导刊，2022（12）：33-37.

［23］姚守拙. 化学与生物传感器［M］. 北京：化学工业出版社，2006.

［24］约瑟夫·科斯坦丁，林清. 生物传感器无线化［J］. 环球科学，2022（1）：33.

［25］张先恩. 生物传感器［M］. 北京：化学工业出版社，2006.

［26］张永康，王景峰，谌志强. 合成生物技术在生物传感器中的应用现状与发展趋势［J］. 军事医学，2022（3）：231-235.

［27］赵常志，孙伟. 化学与生物传感器［M］. 北京：科学出版社，2012.

［28］朱亮. 基于信号放大技术及 DNA 功能材料的电化学生物传感器研究［D］. 重庆：西南大学，2022.

［29］左国防，王小芳. 生物电化学与电化学生物传感研究进展［J］. 仪表技术与传感器，2022（7）：16-19.